新工科·普通高等教育机电类系列教材

机电液系统建模与仿真

主　编　李晓田
参　编　王安麟

机 械 工 业 出 版 社

面向现代制造业产品设计的数字化与智能化变革需求，本书系统地介绍了机电液系统的动态建模、仿真、评价、优化的基本方法。全书共 9 章，分别是绪论、系统论概述、功率键合图理论、键合图系统建模基础、键合图系统建模的工程应用扩展、键合图至状态空间方程的转化、数学模型的仿真求解、仿真输出的评价与多通道数据处理方法、系统优化方法。

通过学习本书，读者可初步掌握对现代复杂机电液系统进行研究和分析的数字化建模、仿真、评价、优化的基本方法，从而提高机械产品系统集成创新设计的能力。本书可作为机械、电子类专业本科生、研究生的教材，还可供制造业企业、科研院所相关专业人员学习参考。

图书在版编目（CIP）数据

机电液系统建模与仿真/李晓田主编. —北京：机械工业出版社，2022.12

新工科·普通高等教育机电类系列教材

ISBN 978 – 7 – 111 – 71988 – 5

Ⅰ.①机… Ⅱ.①李… Ⅲ.①机电系统-液压控制-系统建模-高等学校-教材②机电系统-液压控制-系统仿真-高等学校-教材 Ⅳ.①TH137

中国版本图书馆 CIP 数据核字（2022）第 209390 号

机械工业出版社（北京市百万庄大街 22 号　邮政编码 100037）
策划编辑：段晓雅　　　　　　责任编辑：段晓雅　杜丽君
责任校对：潘　蕊　张　薇　封面设计：王　旭
责任印制：邹　敏
三河市国英印务有限公司印刷
2023 年 2 月第 1 版第 1 次印刷
184mm×260mm · 11.5 印张 · 282 千字
标准书号：ISBN 978-7-111-71988-5
定价：38.00 元

电话服务　　　　　　　　　网络服务
客服电话：010-88361066　　机　工　官　网：www.cmpbook.com
　　　　　010-88379833　　机　工　官　博：weibo.com/cmp1952
　　　　　010-68326294　　金　书　网：www.golden-book.com
封底无防伪标均为盗版　　机工教育服务网：www.cmpedu.com

前　言

　　如今我国制造业已经向"自主创新"的方向发展，在这一背景之下，针对如何发展具备自主知识产权的制造业产品，提出了"工业4.0""工业互联网""中国制造2025""数字孪生"等新概念。而具体落实操作时，"数字化""仿真"等相关技术便成为受诸多产品研发人员青睐的技术。

　　西方发达国家各大公司开发的工业仿真软件在为研发人员提供便利的同时，也存在诸多问题。除了信息安全风险及路径依赖外，还存在一些自身问题，一方面，研究者因欠缺系统建模仿真的数学原理相关知识，难以解决实践中的多学科复杂工程问题；另一方面，不少研发人员虽然掌握了一些软件的操作方法，但只能满足于虚拟仿真本身，其研究结果与实际工程需求产生脱节，陷入"为仿真而仿真"的困境之中。

　　本书从机电产品的设计出发，介绍系统建模与仿真的数学原理，希望读者能在学习系统建模与仿真时，不应停留在软件的操作上，而应深入理解其数学基础，进一步了解计算机如何实现系统建模和仿真。在学习原理和方法后，结合计算机编程技术，读者应能够独立开发一些仿真程序，自主实现一些机电系统的建模与仿真，破除"软件依赖症"，这样才能在解决重复的工程问题时进行深入研究和开发。

　　本书共9章，第1章重点论述了本书的对象和目标，强调系统建模与仿真的目的是使机电液产品的性能可以更好地满足用户的需求。考虑到部分读者对系统论和控制论的相关知识有所欠缺，第2章对系统论和数学模型进行了简单的介绍，以说明系统建模应得到什么样的数学模型来用于仿真。

　　系统建模是虚拟仿真技术最关键的部分，系统模型直接影响仿真的效率和结果。键合图是系统建模中一个非常有效的方法，也是本书的重点内容。本书第3章和第4章介绍了键合图理论的基础概念与简单机电液系统建模的基本思路、流程和步骤。其中参考了《系统动力学：机电系统的建模与仿真》[1]中的经典实例，同时对一些缺乏解释的建模细节进行了更加详细的论述。

　　在实际工程中，遇到的往往是相当复杂的多学科对象，第5章对系统建模中的一些常见案例做了进一步扩展说明，包括电动机、发电机、内燃机、多路液压阀、变矩器、行星轮系变速器、机械臂。这些案例均来自于编者实际工程经验的积累，可在一定程度上解决一些常见的工程问题，并为读者解决其他复杂工程问题提供参考。

　　本书第6章介绍了键合图至状态空间方程的转化，即获得计算机能够求解的数学模型形式。第7章介绍了计算机求解数学模型的方法，即常微分方程的数值解法如何实现。

　　为了能够建立虚拟仿真技术与改进产品和满足用户需求的连接，编写了第8章和第9

章。第 8 章介绍了仿真输出的评价方法，探讨了如何将仿真输出的结果转化为用户真正关心的评价指标，而且此类评价方法也可以和现场测试实验进行对接，这将极大地增强建模与仿真的实用性。第 9 章介绍了优化方法的思路，可以将建模仿真与优化方法结合，从而更好地实现产品的参数识别以及优化设计。

本书由同济大学李晓田任主编，王安麟任参编。本书可作为机械、电子类专业本科生、研究生的教材，还可供制造业企业、科研院所相关专业人员学习参考。

由于编者水平有限，加之经验不足，书中难免有错漏之处，恳请广大读者批评指正，并请致信于：lixiaotian@ tongji. edu. cn，编者将认真对待，加以完善。

编　者

目 录

第 1 章

绪 论

为了说明系统研究的关键性和必要性，有必要从机械产品本身的特征说起。

任何一个制造业厂商生产产品的目的都是为了满足用户的某种特定需求。从用户的角度出发，如果产品是他所需要的东西，他就有可能购买使用，企业才能实现盈利和发展。

要满足用户的需求，重点在于了解用户关心的产品特征，比如更便宜、寿命更长、更节省能源等。为了在市场竞争中取得优势，企业就必须不断改进自己的产品，使其在用户关心的产品特征方面比同类竞品更有优势，以满足用户的需求。

企业有着对于产品特征不断改进和不断满足用户需求的动力，必须不断改进旧产品，开发新产品。而要实现新产品开发或旧产品的改进，产品的设计必须通过科学的设计过程实现。因此，有必要先对设计的过程进行分解，以说明系统设计在其中的作用。

1.1 设计的过程分解

从目的上讲，设计是以满足用户的需求为目的的一种对产品的创造。设计的关键是满足用户的需求，并以创新为手段，结合经验和理论来开发新一代的产品。

而产品从需求到其成型是通过设计的几个阶段完成的，这可以称为设计的分级。设计可以分为概念设计、系统设计、详细设计和工艺设计，如图 1-1 所示。

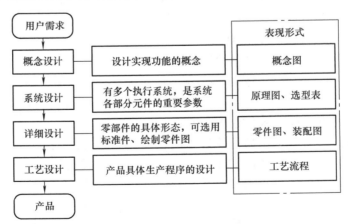

图 1-1　机械设计的过程分解

举例说明，在工程施工中，用户需要一种能够将地面大量土方破碎和搬运到其他位置的机械，在这种需求的驱使下人们设计了土方施工机械。而设计的第一步就是确定用什么方式实现土方的破碎和搬运，若确定以铲削和推运为土方挖掘和搬运的概念，就设计出了推土机；若确定以挖掘和车载运输为概念，就需要设计挖掘机和自卸卡车。不同的概念会派生出截然不同的机械品种。

概念设计完成之后，设计者面临的是，为产品设计多个执行系统以实现所需功能，即系统设计。系统设计需要确定系统各部分元件的重要参数以作为后续设计阶段的基准，而如何确定系统结构及其元件参数是系统设计当中最重要的问题。以推土机为例，其系统主要包括底盘牵引系统和工作装置驱动系统两个部分。推土机的系统设计就是设计底盘的传动链构成，以及驱动工作装置的传动结构等。对于液力机械推土机来说，其底盘系统构成主要包括发动机、变矩器、变速器、轮边终传动、履带等。驱动工作装置的传动结构为液压系统，主要包括液压泵、管路、液压缸、滑阀等。系统设计还需要确定这些元件的选型方案，推土机需要选择发动机的额定功率和转速、变矩器大小、变速器各档传动比、最终传动的传动比、履带的尺寸结构等。

详细设计是在系统设计之后对具体零部件的几何尺寸等具体形态的设计。详细设计主要是解决产品零部件具体问题的工作，如选用标准件、绘制零件图等，这方面 CAD 软件可以提供很好的支持。详细设计还需要对结果进行结构强度校核，以保证产品结构满足其工作要求，这方面主要以有限元分析为工具。液力机械推土机主要需要设计元件的布置、变速器的内部齿轮细节、最终传动的传动细节等，还需对其进行强度校核。

工艺设计是对设计完成的产品具体生产程序的设计，工艺设计之后产品即可进入正式生产流程。

1.2 系统设计的关键作用

在企业初创和发展阶段，有很多决策者会选择消化吸收同类竞争产品，这时产品开发主要采用"仿制设计"，其流程如下：

1）首先参考同类成熟产品进行配件选型，确定主机各配件的型号及工作参数。

2）选型完成后，根据几种静态工况进行初步估算，保证其能够满足这些工况的工作要求。确定外购配件（如发动机、变矩器等）的供应商，并得出其他零配件的技术要求。

3）进一步确定整机及零配件的详细方案，并由技术人员绘制详细生产图样。

4）生产样机并进行测试，通过后即投产进入市场。

5）若产品存在质量问题，则依靠售后服务体系进行损坏配件更换，并收集问题应用于下一代产品开发。

将这样的产品开发过程与标准的设计过程对比，不难发现这种仿制设计方式的本质是跳过了概念设计和系统设计的阶段，依靠参考同类成熟产品来获取本应在设计阶段确定的设计方案和参数，直接进行详细设计及工艺设计。而因跳过概念和系统设计阶段而产生的各种问题，则依靠售后服务体系来收集和分析，积累经验，并在新一代产品中改进，如图 1-2 所示。

这种无概念设计和系统设计的设计方法存在以

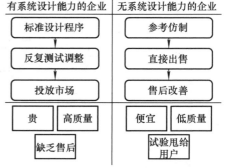

图 1-2 有无系统设计能力的企业对比

下不足：

1）缺乏创新性。设计的级别越高，产品的创新性也就越强，在概念设计中创新可以帮助人们设计出独一无二的新式产品，但在详细设计级别则很难有创新。该方法对于系统设计缺乏认识，产品缺乏创新性，只能开发已经抢占市场的新式机型，没有设计自己独特的机型产品的能力。

2）由于对于系统设计缺乏理论指导，因此产品开发在初期的方案确定过程中主要靠参考和估计，很多情况下靠的是经验来"凑"。在"凑"的过程中，一方面因可变参数多、目标模糊，工程人员需要反复验算，工作烦琐；另一方面这样做精确性很差，使得产品的实际性能很难预知，容易出现性能欠佳等各种问题，甚至有失败的可能性。

3）因为系统设计存在大量细节的量化描述，而参考设计不能了解其原理，故系统设计中对于动力系统周边的配套产品选型和设计同样缺乏指导，这主要反映在发热、振动和噪声的难以预测上。例如，因为没有系统设计，发动机和液压系统的发热无法进行量化，在设计散热系统时就会无从下手。

4）技术储备困难。各个机型需要重新确定方案，而因缺乏对于底层系统的认识，方案的通用性不强。每次确定方案时需要重新验算，加大了工作量和时间成本。

要解决这些问题，就必须解决系统设计的问题，初创的发展中企业在产品发展上可以考虑仿制路线，但这并非长远之计。要进一步发展产品，直到能够主导市场、引领发展，就必须具备系统设计能力。

1.3 机械设计的过程和目标

1. 机械的定义

为了进一步说明系统设计，这里首先给机械一个定义。这个定义，是从产品本身的设计目的来表述的。

机械是一种能够传输能量和转化能量的创造物，其设计目的是满足用户的一种需求，即将不易使用的动力源的能量形态转化为需求的执行器的能量形态。

这个定义较为抽象，以车为例，人的需求是能够安全、快速地将人或货物运送到其他地方。需要的是一种能够快速移动的，能搬运有重量、有体积的物品的机械。因此需要一种执行器，能够让车移动。简单有效的执行器就是轮。轮是人类伟大的发明之一，齿轮、滑轮、车轮、偏心轮都是轮的延伸。轮最核心的特征在于循环，轮每转一圈视为一个循环，可以无限运作。不变的半径可以让力和速度稳定持续的输出，有变化的半径则可以有变化的输出。随着轮的出现，机械的转动能量形态也成了在机械传输中最常见的能量形态。

有了轮，才有了车。接下来还需要选择一种动力源，该动力源可以是人力，也可以是某种原动力机。

执行器——轮需要的能量形态，是一种转动机械形态，而人腿是平动式的。如果是平坦的道路，对力的需求不强烈，只需要克服滚动摩擦阻力。这是一种转矩小的转动机械能量。转矩小的条件下，转速则可以提高（能量守恒），由于人的需求往往是越快越好，因此希望车的速度更快以满足快速运输的需要。

于是由人力驱动的、能在平坦道路上较快运动的"车"，这样一个机械的设计需求得到了明晰。接下来的问题是两种能量如何进行转换。

首先，机械设计是偏向于设计转动机械的，让人腿的平动变成转动是第一步，于是可以设计一种通过"蹬"来输出能量的机械形式，这个机械被称作脚蹬。然后要解决的是让速度提高，因为如果是蹬多少距离，车才能前进多少距离，这样的机械与走路并没有区别。所以可以展开思路，比如采用短的脚蹬结合大轮直径，又如采用齿轮、链轮等。

这就是自行车的出现和演化过程。自行车的原动机是人腿，执行器是车轮。它把不易使用的能量形态（人腿的慢速大力平动式）转化成了需要使用的能量形态（轮的快速小力转动式）。传动是通过脚蹬、链轮来实现的。

2. 以汽车为例的分析

汽车的英文（automobile）含义是"自动移动"，可见汽车的关键是原动机。人类自古就希望能发明一种随处可用的原动机，能够利用自然之力代替人力或牛、马等畜力，但直到蒸汽机出现才实现这一梦想。随着技术发展，能满足从一个地方快速运输（自动移动）到另一个地方需求的原动机有内燃机和电动机。目前电动机克服了电能随车携带问题，应用日趋广泛。

内燃机的巨大优势之一是可以便携移动到野外，只要随车携带油箱就可以实现。与人力和畜力相比，内燃机的能量输出当然要高得多。但内燃机的缺点就是无法适应载荷的变化。当载荷增大时，如果超过了内燃机的工作极限，它就会停止工作，也就是熄火。

根据需求，理想的原动机应能够在载荷增大时自行降低转速，提高转矩输出。图 1-3 所示为理想的原动机和真实的原动机（内燃机）的输出特性。

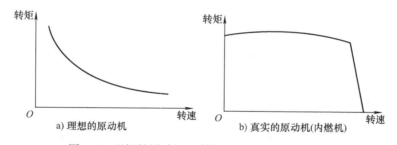

图 1-3　理想的原动机和真实的原动机的输出特性

人腿可以做到载荷增大时自动降低输出速度。例如自行车在起步、爬坡、拉货时，人可以用力蹬，所谓用力蹬就是提高力的输出，但内燃机不会。内燃机的转速可以很快，但当外界载荷增大时，一旦超出其设计范围，转速就会迅速降低，这时就必须立即为其降低载荷，恢复转速，否则它就会熄火。打个比方，这很像一个脾气倔强的工人，一旦觉得工作量太大，就会罢工。但非常遗憾的是我们只有这一个工人可以选择。因此，机械工程师必须去设计机械，让"脾气倔强"的内燃机能够用在载荷变化的场合中。

3. 工况适应性

大多数机械的载荷是变化的，这也是一个用户需求。

以汽车为例，汽车在起动时，必须克服很大的阻力，这时需要的是大的转矩。汽车在跑得很快时，阻力已经很小了，这时需要的是高速运行。

在某种载荷下，机械产品的各个元件会工作在一种状态中，称为工况。载荷的变化，就自然会造成工况的变化。而内燃机却只能适应一种工况。例如加装大传动比的减速器，可以让内燃机克服巨大的起动力矩，使车从静止转变为移动，但永远无法高速行驶；加装小传动比的减速器，需要人先推车使车跑起来，否则发动机永远无法点火起动。

设计制造一种不能适应载荷变化的机械并不难，但用户不会接受。例如设计制造一个发动机直接连接减速器再连到车轮上的汽车，然后告诉用户，这车能跑得很快，不过得先想办法推它跑到 80km/h 后再坐上去开，用户是不可能接受的。

用户有更进一步的需求，例如想要汽车可以从静止开始自己起动，速度逐渐能达到 80km/h。因此，我们必须设计有这样功能的汽车，才能满足用户的需求。

于是有人提出了解决方案：做两个减速器，可以在不同工况时切换。在这个思路下设计一个新的传动元件，也就是变速器。传动比的切换过程，就是换档。这也是英文里切换和换档是同一个词（shift）的原因。

当然仅有两个档位依然无法满足需求，变速器的设计就有了多个档位，例如 4 档、5 档变速器等。

变速换档时，必须切断传动链，否则冲击载荷会传递至发动机造成熄火，于是有了离合器。

而换档总是要控制，驾驶员有可能遇到载荷突然增加反应不过来换档的情况，还是有可能熄火，于是有了变矩器。

有了这些新的传动环节，汽车就可以适用于不同的工况，满足用户的需求，如图 1-4 所示。

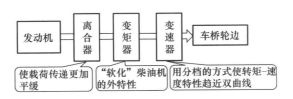

图 1-4　车辆底盘元件对工况适应性的作用

机械产品适应工况的能力，称为工况适应性。产品的工况适应性越好，就越容易满足用户的需求。对于工况适应性差的内燃机，设计变速器、变矩器、离合器等传动元件，都是为了保证内燃机正常工作。

4. 产品改进的关键

公司卖产品给用户，通过改进产品，满足用户需求来与对手竞争，盈利生存。在产品改进满足用户需求的同时，还必须要保证产品改进带来的成本提升必须能被新增利润覆盖。任何改进一定会改变产品的成本，首先会增加研发成本（研究团队、样机、试验等），大多数情况下还会增加材料成本（新配件、新材料等）。这种情况下，销量是否会提高，能提高多少，销售额是否会提高，能提高多少等都是企业决策者非常关心的问题。因此需要有效分析和量化此类问题。

对于企业决策者来说，衡量一个产品改进是否可以实施，可利用一个十分简单的公式：

$$A = 增量利润 - 增量成本$$

如果 $A > 0$，就是可以实施的改进。如果有多个改进方案，那么实施的优先级就可以按 A 的大小排序。

公式很容易理解，重点是这两个数值怎么计算出来。

1）增量成本的计算相对容易。如改进设计的材料、新的配件、研究团队的人力成本增加等。

2）增量利润很难表达。如新产品能多卖多少钱，能多卖多少量是很难预测的。但我们至少知道一些用户的需求，用户的需求会影响他们对于新产品价格的接受程度。这其中，大部分的用户需求还是难以量化的，比如舒适性、易用性。

不过，机械是实用主义的产品，最重要的作用是实现功能，并尽可能的高效，其他的一切都基于此。性能是机械最重要的特性，可以进行量化。例如节能设计的改进产品，其节能效果会影响到用户的维护花费，比如一辆汽车有一个新的改进设计，成本增加了 3 000 元，价格增加了 10 000 元，但平均每天能节省 50 元汽油费，那么用户使用 200 天以上就能获利。只要预期驾驶时间在 200 天以上，用户就有可能接受这个新价格。

仅从性能方面出发，产品可以认为具备工作效率。这方面有两个关键点：

1）单位时间的有效工作能量输出（干得多）。

2）有效工作能量与能源消耗量的比率（效率）。

不难想象这两点都是可以量化的，其量化难度比舒适性、易用性、美观等都方便得多。

如果能把这两个数值量化表达，就能够得出新改进产品与旧产品相比有什么好处。这两个量化数据若提供给市场分析人员，他们就能用市场分析相关专业理论将量化数据能够带来的利润增量计算出来，并提供给企业决策者。

本书要研究的重点问题是如何将性能相关的数值量化表达。不管什么样的创新理念，必须能够有效被市场认可，否则就永远是理念。而被市场认可的关键，就是能够清晰地量化说明新改进产品的成本提升量和性能提升量。很显然，这能有效说服投资者、决策者和其他员工，以实现更为科学理性的产品改进。

5. 性能的量化评价

对于性能的量值，以下称为评价。评价的选取尤为重要，其来源依然是用户的需求，也就是说"用户说怎么样的好，就是怎么样的好"。不妨就选单位时间的有效工作能量输出（干得多）以及有效工作能量与能源消耗量的比率（效率）作为评价指标。

性能评价如何得出？一个很直接的方法是造出来做实验。这种专门造出来做实验的机型一般称为样机（或称为原型机，prototype）。样机的开发需要投入资金和时间。如果每个改进方案都要造出来原型机，不难想象会造成很大的资金负担，其新产品的成本增量就会飞速上升，导致改进设计的利润大幅降低，甚至成为负值。

因此有人总结各种原型机的实验经验，针对某个具体领域进行研究，得出经验公式。经验公式往往是工程师的最爱，因为其简单、直接、易用。

也有人根据基本物理学知识和各类产品的设计经验，为现有产品编制设计流程，称为设计手册。设计手册中会有大量的由物理学公式推出的公式，以及系数修正、经验公式，让使用者能够更容易地执行设计过程，进而设计产品。

设计手册已经将产品的系统"固化"，而需求却是无止境的。当所有的企业都用设计手册设计产品时，就会出现严重的同质性。用户开始变得挑剔，而如何跳出设计手册的限制却是个难题。要解决这一难题，我们需要的是新的手段和方法，此时就需要借助系统理论和计算机技术。这就是本书要解决的核心问题，即如何借助现有的系统理论和计算机技术，更加科学和有效地实现新产品开发和旧产品改进。

为了实现这个目标，需要进行的工作主要包含以下四个部分：

（1）建模 建模指的是对机械产品系统的性能进行数学建模。这个建模过程主要涉及系统论及键合图方法。本书第 2~6 章将重点进行介绍。

（2）仿真 仿真指的是通过计算机对系统建模的数学模型进行求解，使得系统模型能够在设计的各类工况条件下得出输出结果，供后续分析使用。本书第 7 章将重点进行介绍。

（3）评价 评价指的是对仿真输出结果进行各类数据处理，根据用户的需求对产品设计得出更加直观有效的评价结论。本书第 8 章将重点进行介绍。

（4）优化 优化指的是根据评价反向求解最佳的产品设计方案。本书第 9 章将重点进行介绍。

由于系统建模在学科发展中属于薄弱环节，因此本书中的重点是系统建模部分。第 2 章将首先介绍系统建模的基础，也就是系统论。

第 ② 章

系统论概述

2.1 系统的定义

本书主要的研究对象是机械产品，因此本书中讲述的系统主要针对的是机械产品的系统，其中主要是机械系统，也有可能包含电子控制、电传动、液压、液力系统传动。在国际上，此类系统一般称为机电一体化（mechatronics）系统，但为了能够更科学地分析此类系统，需要从系统的广义定义和分类入手。

系统是一个广义概念，较为严谨的学术定义是：系统是由相互作用相互依赖的若干组成部分结合而成的、具有特定功能的有机整体，而且这个有机整体又是它从属的更大系统的组成部分。

系统的组成需要具备以下三个条件：

1）有一定要素。系统组成至少包括两个元素或多个元素。

2）有一定结构。系统内的元素间是相互作用的，而不是相互孤立的。

3）有一定环境。系统一定处于一个环境中（另一个更大的系统）且作用于环境，即与环境存在能量、信息的交换。

例如：一个动物是一个系统，动物身体内有多个器官，并共同协调工作维持其生存，同时它受周围环境的影响（如气温），并与之相互交换能量和信息。

以典型的机械振动系统为例，如图 2-1 所示。在分析该系统本身的特性时，它处于一个封闭空间内，与外界不进行任何能量交换。可以看到，该系统包括一个质量块 m、弹簧 k、阻尼器 c 以及固定的地面，这些组成了该系统的元件。这些元件相互连接，质量块 m 同时与弹簧 k、阻尼器 c 连接，同时弹簧和阻尼器与地面相连接。

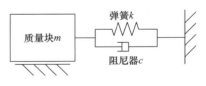

图 2-1　机械振动系统

这些元件相互作用传递能量，例如质量块可以左右振动，在运动时它会将能量传递给弹簧使弹簧储存力，并将能量传递给阻尼器使阻尼器消耗能量发热。

1. 系统的整体性

系统的概念已存在于人们的日常生活中，并非难以理解的问题。人们在描述许多问题时，会自然使用到系统这个词。

系统观点的关键在于对整个系统的整体性进行考虑，对于各个层面的独立研究往往无法反映整个系统的问题。比如交通系统有陆、海、空各类交通运输工具，还包括人、机器和各种交通规则。系统中还有很多要素，如汽车、飞机、船、行李处理设备、计算机等。交通系统的要素同时也是互相作用的，如果只考虑某个汽车、某架飞机，即便设计得再好，依然会产生交通拥堵、飞机晚点。也就是说，多个好的部分不一定能组合成一个让人满意的系统。

同样的道理，在机械产品中，也许每个元件或者部分元件是可以正常运行的，而组合成大系统后就有可能出现各种问题。例如一个发电站，其中的发电机、涡轮、锅炉、供水泵可能是由不同的人独立设计而成，而且热传递、压力分析、流体动力学等问题，都是不同的学科问题。由于不同的设计人员在进行设计时对其他部分往往进行简化的假设，很容易使系统整体出现问题，比如发电站可能在满载的时候出现过热损坏。因此，在实现整个系统的预期功能时，必须考虑其整体运行对每个部分的影响。

2. 系统的多学科性

不难想象，系统的概念延伸至多个学科领域，如机械系统、社会系统、生态系统等。在本书中要解决的是机械工程问题，因此主要研究的是机械系统。但现有的机械产品一般不是纯粹的机械系统，会有液压传动、电传动或电子控制系统包含在其中。因此，系统研究也会涉及多个学科的内容，包括振动学、材料力学、动力学、流体力学、自动控制、热力学、电路学等。传统产业当中，工程师往往把职业生涯的大部分时间花在了以上学科中的一种上，但做系统分析，单一的学科是远远不够的。因此，系统工程师应掌握工程学的各方面以及相关知识。

3. 系统的输入与输出

系统的输入指的是系统受环境影响的量；系统的输出指的是系统反映输出给环境的量，系统的输出也被称作系统的响应。系统的输入和输出的数学表达式为

$$y = Hu \tag{2-1}$$

其框图表达如图 2-2 所示。

系统与外界进行能量交换的同时，系统自身内部也会出现变化，称为系统的发展演化。

例如对图 2-1 所示的机械振动系统而言，若从左端向右对质量块 m 施加一个恒定力 F，并视其为输入，则质量块 m 将因受力不均开始向右运动，外界将看到质量块 m 的位置开始变化，这个位置的变化方式即为此系统对于施加力 F 之后的一个响应，如图 2-3 所示。

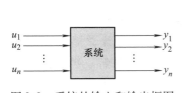

图 2-2 系统的输入和输出框图

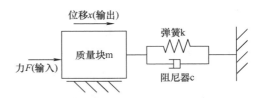

图 2-3 有输入和输出的机械振动系统

通常外界对于系统的这种能量传输可认为是系统的输入，为自变量；而系统中某个元件的某个物理状态的响应则可认为是系统的输出，为因变量。在具体问题中，一个系统可以有单个或多个输入，也可以有单个或多个输出。

4. 大系统及子系统

通常产品具备很多复杂的配件，在分析一个产品对象时，可以分不同的级别考虑问题。对于整台机器可以认为是大系统，而机器内部的配件可以分别认为是子系统，在分析时可作为大系统的元件考虑，同其他元件一样，子系统也与其他元件相互连接并相互传递能量，但对于上级系统来说，仅需要关心该子系统对于其他元件的作用反应。

子系统内部也可以分为更多的子系统组合，形成子系统嵌套。这样的嵌入式分析结构可以对问题进行分解，提高系统分析的效率。例如，对汽车进行系统分析时，因其系统较为复杂，可以将其按传动链分为多个子系统，首先分析其各自系统（例如发动机、变速器等）的动态性能，最终整合为整机系统。

如图 2-4 所示，大系统具有两个子系统：子系统 1 和子系统 2，而子系统 2 中又有两个子系统：子系统 2-1 和子系统 2-2。这时可以在完成子系统 2 的建模之后将其作为整体考虑，与子系统 1 建立能量连接。

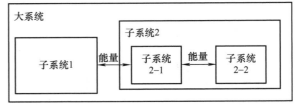

图 2-4　大系统及子系统

2.2　系统的分类

由于系统具有广义特征，故本书中能够进行的系统建模方法具备一定的适用范围。因此有必要对于系统分类进行说明，目的是对于本书中描述的系统的适用范围进行限制。

1. 动态系统和静态系统

动态（dynamic）系统（有记忆）的发展演化与 t 时刻之前的信息有关。与之相对的是静态（static）系统（无记忆）。

动态问题的关键是系统的负荷和响应是会随着时间变化的，一个典型问题就是振动问题，诸如加速度之类的物理量被引入，设计手册中的公式方程就会变成微分方程。静态问题用的是初等数学求解，动态问题用的是高等数学求解。

通过微分方程的求解结果，可以获得每个时间点每个物理量的数值。比如梁在脉冲作用下的振动，通过求解结果可以得出 0.5s、1s、1.5s、2s 后顶点位置的位移值。每个时间点的数值都可得出，从而得出系统的结果。

这也是高等学校工科类专业会把高等数学作为基础课程的原因之一。不过，微分方程虽然能求解动态问题，但复杂的微分方程求解非常困难。因此应用数学提供了新的求解思路——迭代，迭代方法充分利用了现代计算机技术的高速运算来求解。数值求解不是完美解，解为离散数据集合组成的近似解，称为数值解（numeric）。迭代方法中比较著名的有 euler 法和 runge-kutta 法。

2. 线性系统和非线性系统

线性系统的学术定义：若系统为初始松弛，在任何输入 u_1 和 u_2 下，任何实数 α_1 和 α_2

均满足：

$$H(\alpha_1 u_1 + \alpha_2 u_2) = \alpha_1 H u_1 + \alpha_2 H u_2 \tag{2-2}$$

则系统为线性系统，否则即为非线性系统。

非线性系统会有各种奇特的响应输出，需要"具体问题具体分析"。从本质上讲，现实中存在的任何系统都是非线性的，但在实际计算中，人们通常是建立线性系统模型。而对于实际问题，或忽略非线性，或用线性近似非线性。

比如材料力学的基本假设为材料在小范围内变形时，其变形量与变形受力具备线性关系。该假设即为忽略其非线性特征，建立了线性系统模型。

3. 集总参数系统和分布参数系统

可以用常微分方程来描述的系统称作集总参数系统。相对的，不能用常微分方程，而需要偏微分方程描述的系统，称作分布参数系统。本书中主要讨论集总参数系统。

4. 确定性系统和随机系统

随机系统指的是变量中有随机变量或随机过程，这样的系统分析结果为随机变量的统计规律。没有随机变量的系统则为确定性系统。本书中讨论的主要是确定性系统。

5. 因果系统和非因果系统

因果系统指的是输出仅取决于 t 时刻或之前的输入信息的系统。非因果系统则代表输出还会取决于 t 时刻之后的输入信息的系统。不难想象，现实中的所有系统都是因果系统。非因果系统目前是一种理论概念，是不存在于现实中的系统。

6. 时变系统和时不变系统

时变系统指的是参数会随时间变化的系统。时不变系统则是参数不随时间变化的系统。严格地说，现实系统一定是时变系统，但如果参数在具体的问题范围内的变化小到可以忽略，就可看作时不变系统。

7. 连续变量动态系统和离散事件动态系统

连续变量动态系统是指能够通过常微分方程求解的系统。这种系统研究思路的核心在于，首先认定系统一定是有规律的，符合一定的理论特征（如微分方程），并且通过研究可以把这个特征用数学方程表达出来。这是一种"设计"出系统的研究思路，又可以理解为一种自上而下的思路。

然而，随着系统研究的深入，对于较为复杂的系统，人们往往很难找到一种理论规律去设定出系统方程。在这种情况下，有人尝试放弃对整个系统的研究，转为对于系统中的每个组成元素的特征进行研究，通过元素之间的相互作用进行演化模拟，逐渐体现出整个系统的特征。例如，我们很难对一个鸟群的整体运动特征进行研究，这是个极其复杂的问题。这时可以尝试研究某一只鸟的运动规则，比如它如何根据其附近鸟的飞行速度、飞行距离、飞行方向等特征来改变自己的飞行。在这个规则下，对整个鸟群进行计算机模拟，就可以看出其整体的飞行特征。这种思路被称作自组织方法，是一种自下而上的方法。

本书主要讨论的系统是连续变量动态系统。

对系统进行分类是为了掌握和了解系统的概念，并对于本书中能够解决的问题类型进行定位。通过以上系统分类不难看出，本书所讨论的系统属于：动态系统、线性系统、集总参数系统、确定性系统、因果系统、时不变系统、连续变量系统。

2.3　系统论要解决的问题

既然要研究系统，接下来就会面临两个问题：

1）用什么样的数学方程或方程组来表达系统？

2）当方程或方程组列出之后，如何求解？

第一个问题，如果是静态系统，设计手册就是为了解决这些方程列写而编制的手册。但如果是动态系统，就需要更深入地研究。

对于图 2-3 所示系统，按照受力分析的思路，结合牛顿第二定律，可得

$$m\ddot{x} + c\dot{x} + kx = F \tag{2-3}$$

这是典型的微分方程，可以表述系统的动态问题，其中认为力 F 是输入、位移 x 为输出。

这个问题的数学方程表达以及相应的求解和控制，发展出的学科就是系统论。需要说明的是，系统论是控制论的基础。很多学生在学习过程中，若没有学习系统理论，直接学习控制工程，往往是十分吃力的。控制和系统是继承关系。了解什么是系统才能了解应该如何控制一个系统。

2.4　经典系统概论：传递函数

系统论的最初发展来源于对控制的需要，经典系统论便由此发展而来。它的基本理念是：系统的主要目的是控制，控制的主要目的是稳定。

为了研究这个问题，Nyquist 提出了一种判据：通过测量增益与频率的关系来判断系统是否稳定，进一步可以给出如何调整增益与频率的关系来改进稳定性。Nyquist 判据的最大优点在于不用了解系统本身的结构。在此基础上，由 H. Bode 提出的对数频率的对数增益和线性相位图，以及由 W. R. Evans 提出的根轨迹法等，对于经典系统论进行了扩充和完善。

1. 传递函数简介

经典系统理论的核心就是传递函数。如认为系统的数学模型为某一个函数形式，而输入信号乘以该函数就可以直接计算得出输出信号，系统的能量传输问题就可以得到解决。这个系统内固有的函数形式称为传递函数。顾名思义，输入信号通过该函数的"传递"就会转化为输出。

这是早期工程技术人员以较直观的方式去认识系统输入和输出关系的结果。微分方程在工程实践中应用较为困难，而拉普拉斯变换的出现使得这种方法得以广泛应用，并在其基础上形成了完整的经典系统理论。关于拉普拉斯变换的具体形式可以参考《线性系统理论》[2]，这里不做表述。

式（2-3）中，若力 F 为输入、位移 x 为输出，可将微分方程转化为传递函数：

$$\frac{x(s)}{F(s)} = \frac{1}{ms^2 + cs + k} \tag{2-4}$$

可用常微分方程描述的集总参数线性定常（时不变）系统为 s 的有理函数，得出传递函数的通用标准形式为

$$\frac{b_m s^m + b_{m-1} s^{m-1} + \cdots + b_3 s^3 + b_2 s^2 + b_1 s + b_0}{a_n s^n + a_{n-1} s^{n-1} + \cdots + a_3 s^3 + a_2 s^2 + a_1 s + a_0} \tag{2-5}$$

式中，m 为分子项阶数；n 为分母项阶数。若 $n \geq m$，为真有理分式；若 $n > m$，为严格真有理分式。

关于传递函数，需要说明的关键几点：

1）所谓几阶系统，就是分母最高阶的 s 是几阶。

2）物理系统通常不超过 2 阶。分子项阶数不应超过分母。

3）极点和零点是传递函数中包含的重要信息。分母多项式为极点多项式，极点就是 n 阶多项式的 n 个根（实数或共轭复数）；分子多项式为零点多项式，零点就是 m 阶多项式的 m 个根。极点代表系统自由运动的状态（固有运动模态），零点调节各个固有运动模态在输出中的比重。

2. 传递函数的优点和缺点

经典系统论的传递函数法基于拉普拉斯变换、傅里叶变换和根轨迹法分析。这种方法相对简单，直接通过输入输出因果关系描述系统虽然能够简单有效地解决问题，但这种方法有一定的不足之处，主要有以下两点：

1）传递函数不能描述系统内部细节，它将整个系统的各种影响因素整合为式（2-5）的统一形式，若系统稍显复杂，则该形式下的各项系数就不具有具体的物理意义，这样在带来方便的同时也使其并不直观，系统参数的更改会变得困难，而且系统内部具体能量提取时必须重新给出传递函数。

2）传递函数不能有效解决多输入多输出系统问题。实际系统中存在大量多输入多输出系统，其中输入量之间会相互影响，而传递函数不能对其进行有效描述。遇到多输入输出的系统，要进行传递函数建模，就会遇到烦琐的解耦，效率会大大降低。

2.5 现代系统概论：状态空间方程

R. E. Kalman 最早将状态空间引入线性系统问题。状态空间原为分析力学里的概念，引入系统论直接催生了状态空间方程并使其迅速发展。

本质上讲，传递函数是一种黑箱模型，也就是人们只分析系统输入和输出，系统内部如何变化则并不关心。而状态空间则是个白箱模型，可以描述内部结构。系统论不仅仅是为了控制稳定而存在的，还提供了建模、描述的功能。

现代系统论的关键是引入了一个重要概念——状态变量，将系统作为状态方程 + 输出方程的综合体表述。

1. 状态变量

系统中会不断随时间变化的物理量都可以作为状态变量，例如速度、力等。因为数值会

随着时间变化，而且状态变量可以有多个，即 $x_1(t)$，$x_2(t)$，$x_3(t)$，$\cdots$，状态向量可写为

$$\begin{pmatrix} x_1(t) \\ x_2(t) \\ \vdots \\ x_n(t) \end{pmatrix} \tag{2-6}$$

状态空间方程描述的系统如图 2-5 所示。

图 2-5 中的 u 为输入，是外部环境给系统的信号；x 为状态，是系统的动态行为。

状态空间方程的定义：每个状态变量的 1 阶导数与所有 x、u 的数学方程。例如，对图 2-3 中的系统列写状态空间方程，可设质量块的位移为 x_1，速度为 x_2，输入力 F 设为 u，则微分方程可变为方程组：

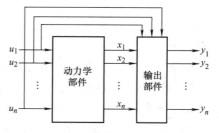

图 2-5　状态空间方程描述的系统

$$\begin{cases} \dot{x_1} = x_2 \\ \dot{x_2} = \dfrac{1}{m}u - \dfrac{c}{m}x_2 - \dfrac{k}{m}x_1 \end{cases} \tag{2-7}$$

应用矩阵表达则为

$$\begin{pmatrix} \dot{x_1} \\ \dot{x_2} \end{pmatrix} = \begin{pmatrix} 0 & 1 \\ -\dfrac{k}{m} & -\dfrac{c}{m} \end{pmatrix} \begin{pmatrix} x_1 \\ x_2 \end{pmatrix} + \begin{pmatrix} 0 \\ -\dfrac{1}{m} \end{pmatrix} u$$

$$\begin{pmatrix} y_1 \\ y_2 \end{pmatrix} = \begin{pmatrix} 1 & 0 \end{pmatrix} \begin{pmatrix} x_1 \\ x_2 \end{pmatrix} \tag{2-8}$$

式（2-8）即为状态空间方程形式。

2. 标准形式

状态空间方程的标准形式为

$$\dot{X} = AX + Bu$$
$$Y = CX + Du \tag{2-9}$$

其中变量和系数均为矩阵形式。矩阵 A 为方阵，其系数取决于系统本身固有的特性，称作系统矩阵，而其行列数称为状态空间的维数，本式中的状态空间方程为二维状态空间；B 为单列输入矩阵，其系数决定系统的输入；C 为单行输出矩阵，其系数决定系统的输出；D 为单个系数，称为前馈。可见状态空间矩阵可形成标准的阵列形式，如图 2-6 所示。

状态空间方程是用矩阵来描述系统的，系统的细节都可以在矩阵中看到，输入、输出也可以有多个，很好地克服了传递函数的不足。

但是，状态空间方程的建立并不轻松，特别是对于较为复杂的系统。下面通过两个实例说明。

系统矩阵 A	输入矩阵 B
输出矩阵 C	D

图 2-6　状态空间矩阵

例 2-1　对图 2-7 所示电路系统建立状态空间方程。

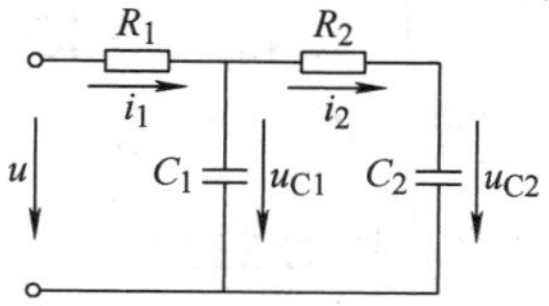

对图 2-7 中的电路建立方程：

图 2-7　电路系统

$$C_1 \dot{u}_{C1} = -\frac{R_2 + R_1}{R_1 R_2} u_{C1} + \frac{1}{R_2} u_{C2} + \frac{1}{R_1} u$$

$$C_2 \dot{u}_{C2} = \frac{1}{R_2} u_{C1} - \frac{1}{R_1} u_{C2} \tag{2-10}$$

对其进行整理，可得

$$\begin{pmatrix} \dot{x}_1 \\ \dot{x}_2 \end{pmatrix} = \begin{pmatrix} -\dfrac{R_1 + R_2}{R_1 R_2 C_1} & \dfrac{1}{C_1 R_2} \\ \dfrac{1}{C_2 R_2} & -\dfrac{1}{C_2 R_2} \end{pmatrix} \begin{pmatrix} x_1 \\ x_2 \end{pmatrix} + \begin{pmatrix} \dfrac{1}{C_1 R_1} \\ 0 \end{pmatrix} u \tag{2-11}$$

$$\begin{pmatrix} y_1 \\ y_2 \end{pmatrix} = \begin{pmatrix} 1 & 0 \end{pmatrix} \begin{pmatrix} x_1 \\ x_2 \end{pmatrix}$$

例 2-2 对图 2-8 所示弹簧质量系统建立状态空间方程。

对图 2-8 中的系统建立方程可以参照受力分析方法，结合牛顿第二定律有

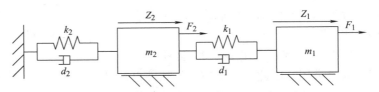

图 2-8 弹簧质量系统

$$\begin{cases} m_1 \ddot{z}_1 = f_1 - k_1(z_1 - z_2) - d_1(\dot{z}_1 - \dot{z}_2) \\ m_2 \ddot{z}_2 = f_2 - k_1(z_1 - z_2) + d_1(\dot{z}_1 - \dot{z}_2) - k_2 z_2 - d_2 \dot{z}_2 \end{cases} \tag{2-12}$$

式（2-12）不是状态空间方程的标准形式，可设四个状态变量：

$$x_1 = z_1, \quad x_2 = \dot{z}_1, \quad x_3 = z_2, \quad x_4 = \dot{z}_2 \tag{2-13}$$

则可以得出以下状态空间方程组：

$$\begin{cases} \dot{x}_1 = x_2 \\ \dot{x}_2 = \dfrac{f_1}{m_1} - \dfrac{k_1}{m_1}(x_1 - x_3) - \dfrac{d_1}{m_1}(x_2 - x_4) \\ \dot{x}_3 = x_4 \\ x_4 = \dfrac{f_2}{m_2} - \dfrac{k_1}{m_2}(x_1 - x_3) + \dfrac{d_1}{m_2}(x_2 - x_4) - \dfrac{k_2}{m_2} x_2 - \dfrac{d_2}{m_2} x_4 \end{cases} \tag{2-14}$$

进一步转为矩阵形式：

$$\begin{cases} \dot{x} = \begin{pmatrix} 0 & 1 & 0 & 0 \\ -\dfrac{k_1}{m_1} & -\dfrac{d_1}{m_1} & \dfrac{k_1}{m_1} & \dfrac{d_1}{m_1} \\ 0 & 0 & 0 & 1 \\ \dfrac{k_1}{m_2} & \dfrac{d_2}{m_2} & -\dfrac{k_1 + k_2}{m_2} & \dfrac{d_1 + d_2}{m_2} \end{pmatrix} x + \begin{pmatrix} 0 & 0 \\ \dfrac{1}{m_1} & 0 \\ 0 & \dfrac{1}{m_2} \\ 0 & \dfrac{1}{m_2} \end{pmatrix} u \\ y = \begin{pmatrix} 1 & 0 & 0 & 0 \\ 0 & 0 & 1 & 0 \end{pmatrix} x \end{cases} \tag{2-15}$$

2.6 系统数学模型的框图表示形式

框图表示形式是指将数学模型中的每一项都看作为具备输入和输出的独立元件，这类元件被称作环节。数学模型可以分解为大量环节元件及四则运算器的组合。框图具有形象化的优势，在系统分析当中广泛为技术人员所采用。

例如，机械振动系统可以转化为框图形式，如图2-9所示。

图2-9中，三角形为放大器环节，表示其将信号输入放大（缩小）一定倍数输出；$1/s$ 为积分环节，输出信号为输入信号的积分。读者可自行分析图中元件如何构成式(2-3)的方程。

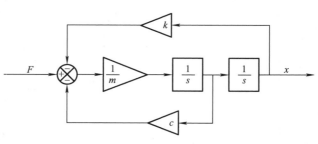

图2-9 机械振动系统的框图形式

因框图形式形象直观，被很多工程人员采用，因此计算机仿真类软件也常以框图形式表述模型建模过程，在 Matlab/Simu-link 中就可以找到所有的典型环节。现有的计算机软件大大减轻了对系统数学方程求解的工作强度。因此，理解和掌握框图对应用系统论及计算机仿真有很大的帮助。

2.7 系统建模的复杂性及键合图方法

对于较为简单的系统可能可以通过对微分方程或状态空间方程的拆解来绘制系统框图，但对于较为复杂的物理系统建模则困难得多，研究人员必须对系统理解得十分深刻，才有可能列出正确的状态空间方程。

然而，实际系统往往比本章所给出的例子要复杂得多。因此需要一种简单有效的方法将物理系统模型转化为数学模型，这就是键合图方法。

键合图方法是本书论述的重点内容，后续章节将介绍该方法的基本原理。

第 **3** 章
功率键合图理论

3.1 键合图概述

键合图（bond graph）是美国 MIT 的 H. M. Paynter 于 1959 年提出来的，后经 D. C. Karnopp、R. C. Rosenberg、J. U. Toma、P. C. Breedveld 等人的发展与完善，逐步推广使用，成为一种可统一处理多种能量范畴工程系统的十分有效的动态建模与分析方法。

键合图的基本功能是将物理模型转化为数学模型，掌握这种方法可以有效分解系统中的各个部分，解决规模较大的系统建模问题。从系统论角度看，这里的数学模型指的是方框图或状态空间方程。键合图方法只有一个目的：将实际中的物理系统转化为数学模型，也就是方框图或状态空间方程。

要理解键合图方法，需要先理解其对于能量的分析方法。

3.2 多接口子系统

如果将一个系统划分为多个元件子系统，那么某个元件与其他元件必然会发生能量传递。连接功率传输的部分就是接口（port）。下面以图 3-1 为例进行介绍。

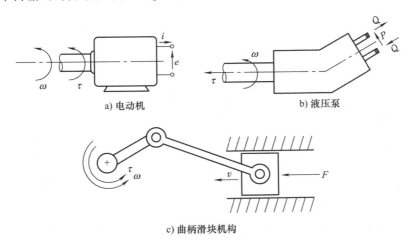

a) 电动机　　　　b) 液压泵

c) 曲柄滑块机构

图 3-1　多接口子系统

图 3-1a 所示电动机有一个转动的机械轴，轴与系统其他元件进行连接，显然这里会与其他元件进行功率传输，而其中关键的变量就是转矩和转速，这就是一个接口。同时电动机

还有一个电路连接其他元件，这里会有电压和电流与其他元件实现功率传输，这也是一个接口。

图3-1b所示液压泵有一个机械轴，它从系统其他元件处获得能量，而其关键变量为转矩和转速，这是一个接口。同时液压泵有液压回路，会产生液压油的压强和流量，这也是一个接口。

图3-1c所示曲柄滑块机构，滑块通过连杆将一个平动动作转化为一个转动动作。同样，滑块部分会有力的作用，以及会产生移动从而有速度，这是一个接口。同时，转动部分会转动，同时应有转矩与其他部分传输，这又是一个接口。

对于这样的元件子系统，因为有一个或多个接口，所以称其为多接口（multiports）子系统。而功率传输的接口中的变量，称为功率变量。

3.3　广义变量

观察各种各样的接口，不难找到一些规律。对于机电液系统，接口上存在的能量形式包括平动机械、回转机械、电、液压四种类别，可以将其称为不同的能域（energy domain）。例如图3-1a中的机械轴就是旋转机械能域，而电端则为电能域。

1. 势量和流量

四种能域中，每一种能域都会存在两个类型的功率变量。如果对各种能域进行广义化的抽象，就能找到更加广义的功率变量表达方法，也就是势量和流量。

系统中元件的能量接口代表着元件与元件间的能量传递，而这种传递有两种表现，一种称为势量（effort），一种称为流量（flow）。势量（也称势）是对于机械、电、液压系统中元件具备的某种潜在能量级别的抽象描述，例如电系统中势量为力；流量（也称流）是对元件与元件间的能量流动量大小的描述，例如电系统中流量为电流。势量及流量在各种能量形式中的具体名称见表3-1。

表3-1　势量及流量在各种能量形式中的具体名称

名称	能量形式			
	平动机械	回转机械	液压系统	电系统
势量	力（N）	转矩（N·m）	压强（Pa）	电压（V）
流量	速度（m/s）	转速（rad/s）	流量（m³/s）	电流（A）

为表示其为时域变量，势变量符号可写作 $e(t)$，流变量符号写作 $f(t)$。每一个能量接口都存在势量和流量的传递，如图3-2所示。可以看到，势量和流量的乘积即为功率。因此用这种方法将信号进行分类之后，其建模思路是以功率的传输和转化为分析原则

图3-2　元件间的能量形式

的。这种方法又被称作功率流建模方法，键合图方法就是功率流建模方法的实现，故键合图又被称作功率键合图。

2. 广义动量和广义位移

因键合图主要用来解决系统动力学问题，故而对于势、流量间的微积分关系进行描述。因此提出两个变量：广义动量和广义位移。

广义动量写作 $p(t)$，定义为势变量的时间积分，即

$$p(t) = \int e(t)\,\mathrm{d}t \tag{3-1}$$

广义位移写作 $q(t)$，定义为流变量的时间积分，即

$$q(t) = \int f(t)\,\mathrm{d}t \tag{3-2}$$

时间积分量将用于描述动态的元件，因此才有了广义动量 $p(t)$ 和广义位移 $q(t)$ 的定义。对于平动式机械系统来说，势量力的时间积分为动量，流量速度的时间积分为位移，因此称这两个时间积分量为广义动量和广义位移。对于其他物理性质的系统来说，它们也有对应的物理量，见表 3-2。

表 3-2　广义变量在各种能量形式中的具体名称

名称		能量形式			
		平动机械	回转机械	液压系统	电系统
广义变量	势变量 $e(t)$	力（N）	转矩（N·m）	压力（Pa）	电压（V）
	流变量 $f(t)$	速度（m/s）	转速（rad/s）	流量（m³/s）	电流（A）
	广义动量 $p(t)$	动量（N·s）	角动量（N·m·s）	压力动量（Pa·s）	磁通（Wb）
	广义位移 $q(t)$	位移（m）	角位移（rad）	体积（m³）	电荷（C）

广义动量和广义位移被称作能量变量，因为它一定意义上代表了系统在运行时内部储存的能量。图 3-3 用一种四面体的形式表示了这些能量变量之间的转换，对此图进行记忆能够比较好地理解广义变量之间的关系。

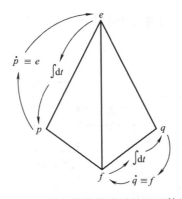

图 3-3　广义变量转换关系的四面体图

3.4　键与接口

前文已经阐述了元件和接口的关系。为了简明起见，可以将元件与元件之间的这种功率

流式的能量接口用一条短线连接表示，如图3-4a中的电动机，可以用图3-4b表示。

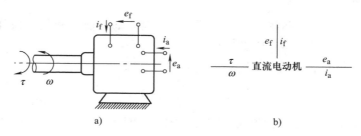

图3-4 电动机多接口的键

图3-4b可以认为是近似的键合图形式表示，因这种图与化学键图形式类似，故得名键合图。图中每一根键都代表能量接口连接，每一根键都有势量和流量两个变量的传输，这类键就是功率键。一般情况下，可以在键的两边标注两个功率变量，水平绘制的键将势量标注在上方，流量标注在下方；垂直绘制的键将势量标注在左侧，流量标注在右侧。

为了能够表述功率的走向，键上可加注半箭头。应注意，务必使用半箭头，完整箭头有其他含义。

为了防止混乱，将半箭头的指向定义为：对于系统运行时的任意一个时刻，一个键上存在的两个功率变量的乘积为正时，箭头指向代表了能量传输的方向。

功率的走向定义是本方法中的一个难点，这其中有两个原因：一是键上的两个功率变量的传输方向是相反的，初学者往往会混淆功率变量传输方向和功率的走向，关于这一点会在因果关系小节中进一步介绍；二是实际系统本身的能量传输并不一定是单向的，比如电动机在一定条件下可以作为发电机使用，此时就会出现能量传输与设计工况完全相反的情况。

需要注意的是，对于机械能域而言，这个问题相对复杂，因为存在作用力和反作用力，从键合图转化为方程时需要定义哪个方向的力为正。关于这个问题后续章节会进一步讲解。

3.5 多接口子系统的连接

有了键和接口的概念，就可以对图3-5中的系统进行初步的系统建模。将图3-5绘制成键合图，如图3-6所示。

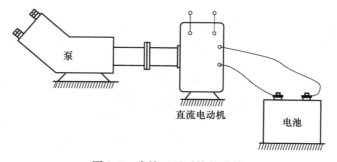

图3-5 多接口子系统的连接

这种键合图表征了几个方面：元件和元件中间的连接接口（即键），各个元件之间的功率连接的拓扑结构，以及每个键所处的能域。

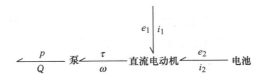

图 3-6　多接口子系统连接的键合图形式

图 3-7 所示为汽车的结构模型。需要注意的是，汽车驾驶员会对汽车进行操作，即控制图中的油门信号、离合信号和换档信号。由于研究的是动态系统，这其中的所有操作会随时间变化，比如驾驶员有时会踩加速踏板，有时会松等。因此这个操作信号不能用一个恒定的值，必须在系统中作为一个输入信号。

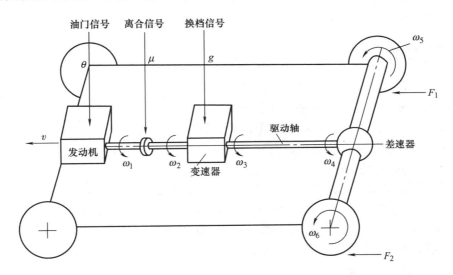

图 3-7　汽车的结构模型

这个输入信号是一种"纯粹"的输入信号，是无视系统其他部分的反应的。对于这类信号的处理方法是绘制一个完整箭头，这种带完整箭头的键被称作信号键（active bond）。相应的，带半箭头的键被称作功率键（power bond）。

因此键合图中就存在两种键：功率键和信号键。图 3-8 所示为图 3-7 的键合图形式。

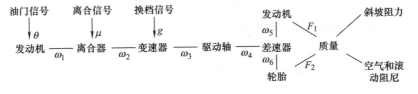

图 3-8　汽车系统的键合图形式

严格讲，信号键上不存在功率传输，理论上也不存在能量传输，而实际并非如此，因此信号键在模型中是一种近似。信号键通常在系统需要单纯接受信息时使用。驾驶过程中，驾驶员的控制信号是重要的输入信号，但并不需要反馈信息，因为这种反馈是微不足道的。比如，驾驶员不会因为换档手柄需要的力太大就缓慢换档，也不会因为需要的力很小就迅速换档。

在什么情况下用信号键而不是功率键呢？当系统的元件设计本身就具备单向信息传输，而功率传输几乎可以忽略不计时。例如：驾驶员操纵变速杆，不管用多大力气一定会扳过去；一些电子元件可以根据电压调整工作状态，但工作时几乎不会产生电流。理论上零功率传输是无法传递信息的，但实际应用中，当传递功率太小时就可以将其忽略，作为信号键。

一般来说，电控系统的功率消耗与整个机器相比要小得多，因此电控系统用信号键就是十分合适的。而如果电路中的电能是主要的功率传输方式，比如很多大型机械会设计发电机至电动机的组合以实现能量的远距离传输，这部分的电系统就必须用功率键进行建模。在工程上，只需要传输信息的电控系统和需要传递大量能量的电传动系统，分别称为弱电和强电。因此简单的理解方式就是，弱电用信号键建模，强电用功率键建模。

3.6　因果关系

元件在对外界的输入产生响应时，其键上的势量和流量具备"谁决定谁"的次序，这个是逻辑上的因果关系。例如，在图 2-3 所示系统中，质量块在力 F 的作用下发生了速度的变化，则对于质量块来说，这个力 F 就是产生速度变化的原因，速度变

图 3-9　机械振动系统的因果关系

化就是力 F 作用的结果。这就是一根键上的两个变量的因果关系，如图 3-9 所示。

因果关系具有相对性，对于质量块来说，势量为因，流量为果，而对于力来说则刚好相反。为了在键合图中明确表示出因果关系，可以在功率键的一端打一条短垂线以表示键的单向性，这一条短垂线被称作因果划。如果将短垂线所在位置看成是"箭头指向"，则它表示势量的走向，如图 3-10 所示。

图 3-10　两种因果关系的因果划表示方法

使用键合图建模时，因果划的标注是重要步骤，要注意以下两点：

1）任何一个功率键上必定有因果划，因此同一个键的势量和流量必定是方向相反的。

2）势量和流量的方向与传动链的实际功率传输方向并不一致，不要混淆。

3.7　键合图元件

以上已经介绍了键合图的基本知识，下面将介绍键合图理论中元件的分类。

通口是指对于单个元件来说的对外能量接口，也就是它与其他元件发生连接键的点。定义通口的目的是对元件分类，键合图中的元件对于物理系统进行了抽象处理，因此元件可以根据通口的数量分为一通口元件、二通口元件和多通口元件。

1. 一通口元件

一通口元件仅存在一个外接键的位置。这类元件对于这个键的势量和流量做出因果响应，根据其元件类别来设定函数式。

（1）分类

1）阻性元件。势变量和流变量之间存在某种函数关系的元件称为阻性元件，如图 3-11 所示。

阻性元件代表了元件对于能量的损耗程度，是系统中的耗能元件，符号为 R（resistance）。阻性元件的键合图形式如图 3-12所示。常见的阻性元件如图 3-13 所示。

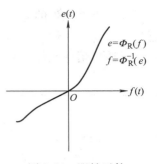

图 3-11　阻性元件

图 3-12　阻性元件的键合图形式

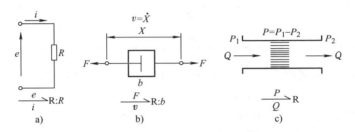

图 3-13　常见的阻性元件

图 3-13a 中有一个电阻 R，根据欧姆定律必然满足：

$$e = Ri \tag{3-3}$$

不难看出，式（3-3）是势量和流量的函数关系，电阻就是一个典型的阻性元件。同样的，图 3-12b 中的阻尼器满足速度与阻力的线性相关，也是一个阻性元件。

阻性元件用于描述系统中产生阻力、阻尼等能量损耗的部分，例如电路中的电阻、机械系统中的摩擦副等。阻性元件是势量和流量之间的静态关系表述，因此属于静态元件。根据两种因果关系，阻性元件有两种形式，如图 3-12b 和 c 所示。

对于图 3-12b 来说，其特性方程为

$$f(t) = \frac{1}{R_0}e(t) \tag{3-4}$$

对于图 3-12c 来说，其特性方程为

$$e(t) = R_0 f(t) \tag{3-5}$$

式中，R_0 为阻性元件的阻值。

这种表述形式属于线性系统方程。若是研究非线性系统的阻性元件，可将方程式改为非线性的函数形式。如图 3-13c 中，根据液压传动相关知识有

$$P_1 - P_2 = KQ^2 \tag{3-6}$$

式中，K 为黏度。这是一个非线性关系，但同样可以用函数关系表示出来。

如果阻性元件的势量和流量是线性关系，则可以在键合图的阻性元件 R 后面或下面加冒号，并写出线性关系的系数。

一通口阻性元件的函数关系见表 3-3。

表 3-3   一通口阻性元件的函数关系

		函数关系及关系系数的单位		
		通用关系	线性关系	关系系数的单位
能量形式	通用变量	$e = \Phi_R(f)$ $f = \Phi_R^{-1}(e)$	$e = Rf$	—
	平动机械	$F = \Phi_R(V)$ $v = \Phi_R^{-1}(F)$	$F = bv$	$N \cdot s/m$
	转动机械	$\tau = \Phi_R(\omega)$ $\omega = \Phi_R^{-1}(\tau)$	$\tau = c\omega$	$N \cdot m \cdot s$
	液压系统	$P = \Phi_R(Q)$ $Q = \Phi_R^{-1}(P)$	$P = RQ$	$N \cdot s/m^5$
	电系统	$e = \Phi_R(i)$ $i = \Phi_R^{-1}(e)$	$e = Ri$	Ω

2）惯性元件。流变量和广义动量之间存在函数关系的元件称为惯性元件（或感性元件）。

惯性元件代表了系统中具有惯性的部分，能够储存动能，符号为 I（inertance）。惯性元件的键合图形式如图 3-14 所示。常见的惯性元件如图 3-15 所示。

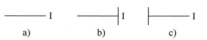

图 3-14   惯性元件的键合图形式

电路中的电感、机械系统中的质量块等都属于惯性元件。惯性元件属于动态元件，因为流量和动量的函数关系代表了流量和势量的积分之间的关系。惯性元件仅储存能量，不消耗能量。根据两种因果关系，惯性元件有两种形式，如图 3-14b 和 c 所示。

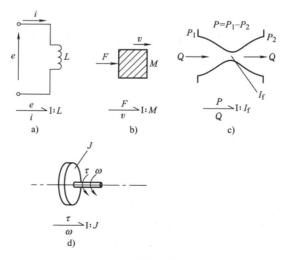

图 3-15   常见的惯性元件

对于图 3-14b 来说，其特性方程为

$$f(t) = \frac{1}{I_0}\int e(t)\,\mathrm{d}t \tag{3-7}$$

若用拉普拉斯变换表述，则为

$$f(s) = \frac{1}{I_0 s}e(s) \tag{3-8}$$

对于图 3-14c 来说，其特性方程为

$$e(t) = I_0\frac{\mathrm{d}f(t)}{\mathrm{d}t} \tag{3-9}$$

若用拉普拉斯变换表述，则为

$$e(s) = I_0 sf(s) \tag{3-10}$$

式中，I_0 为惯性元件的惯性值。

同样的，这种表述形式属于线性系统方程。若是研究非线性系统的惯性元件，需将方程式改为非线性的函数形式。

可以看到，式(3-7) 显示了一种积分关系，而式(3-9) 显示了一种微分关系。因此对于惯性元件来说，图 3-14b 中的因果关系为积分因果关系，而图 3-14c 中的因果关系为微分因果关系。

一通口惯性元件的函数关系见表 3-4。

表 3-4　一通口惯性元件的函数关系

		函数关系及关系系数的单位		
		通用关系	线性关系	关系系数的单位
能量形式	通用变量	$p = \Phi_{\mathrm{I}}(f)$ $f = \Phi_{\mathrm{I}}^{-1}(p)$	$p = If$	—
	平动机械	$P = \Phi_{\mathrm{I}}(v)$ $v = \Phi_{\mathrm{I}}^{-1}(P)$	$P = mv$	kg
	转动机械	$p_\tau = \Phi_{\mathrm{I}}(\omega)$ $\omega = \Phi_{\mathrm{I}}^{-1}(p_\tau)$	$p_\tau = J\omega$	$\mathrm{kg \cdot m^2}$
	液压系统	$p_{\mathrm{P}} = \Phi_{\mathrm{I}}(Q)$ $Q = \Phi_{\mathrm{I}}^{-1}(p_{\mathrm{P}})$	$p_{\mathrm{P}} = IQ$	$\mathrm{N \cdot s^2/m^5}$
	电系统	$\lambda = \Phi_{\mathrm{I}}(i)$ $i = \Phi_{\mathrm{I}}^{-1}(\lambda)$	$\lambda = Li$	H

3）容性元件。势变量和广义位移之间存在函数关系的元件称为容性元件。

容性元件代表了系统中储存势能的部分，符号为 C（capacitance）。容性元件的键合图形式如图 3-16 所示。常见的容性元件如图 3-17 所示。

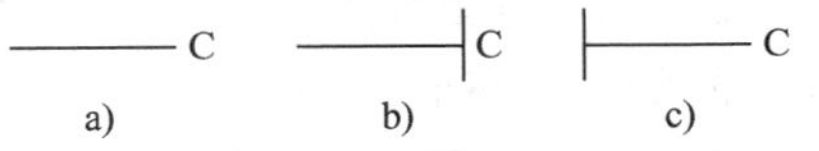

图 3-16　容性元件的键合图形式

电路中的电容、机械系统中的弹簧等都属于容性元件。容性元件属于动态元件，因为势量和位移的静态关系代表了势量和流量的积分之间的关系。容性元件仅储存能量，不消耗能量。根据两种因果关系，容性元件有两种形式，如

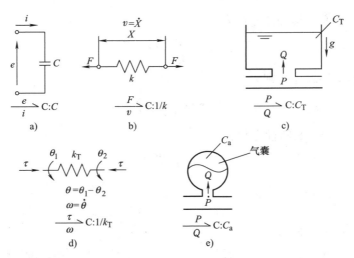

图 3-17　几种常见的容性元件

图 3-16b 和 c 所示。

对于图 3-16b 来说，其特性方程为

$$f(t) = C_0 \frac{\mathrm{d}e(t)}{\mathrm{d}t} \tag{3-11}$$

若用拉普拉斯变换表述，则为

$$f(s) = C_0 s e(s) \tag{3-12}$$

对于图 3-16c 来说，其特性方程为

$$e(t) = \frac{1}{C_0} \int f(t)\,\mathrm{d}t \tag{3-13}$$

若用拉普拉斯变换表述，则为

$$e(s) = \frac{1}{C_0 s} f(s) \tag{3-14}$$

式中，C_0 为容性元件的容值。

同样的，这种表述形式属于线性系统方程。若是研究非线性系统的容性元件，需将方程式改为非线性的函数形式。

可以看到，式（3-11）显示了一种微分关系，而式（3-13）显示了一种积分关系。因此对于容性元件来说，图 3-16b 中的因果关系为微分因果关系，而图 3-16c 中的因果关系为积分因果关系。

阻性、惯性和容性元件，正好对应四种广义变量之间的相互转换函数关系，因此可以在四面体图 3-3 的基础上表示，图 3-18 可更加直观地帮助读者建立各种元件类型和变量之间的关系概念。

4）源。源用于描述外界对于系统的作用，代表能量输入，分为势源和流源。

势源的符号为 Se（source of effort）。势源的键合图形式如图 3-19a 所示。

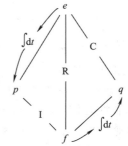

图 3-18　广义变量与三种一通口元件关系的四面体图

势源的因果关系只有一种，如图 3-19b 所示。这是因为它是源，决定着势量的大小。同时，由于它用于描述系统的外界输入，故势源不关心系统对它的流量反馈，流变量对它的输入并不影响它输出势变量的大小。例如，机械振动实例中的力输入就可以用势源来表示。图 3-20 中的稳压电源也是一种典型的势源。

流源的符号为 Sf（source of flow）。流源的键合图形式如图 3-21a 所示。

图 3-19　势源的键合图形式　　　图 3-20　稳压电源　　　图 3-21　流源的键合图形式

与势源相似，流源的因果关系也只有一种，如图 3-21b 所示。这是因为它是源，决定着流量的大小。同时，由于它用于描述系统的外界输入，故流源不关心系统对它的势量反馈，势变量对它的输入并不影响它输出流变量的大小。液压系统中，恒定转速的定量泵就是典型的流源实例。

有必要说明的是，实际工程中的动力源往往不能简单地作为势源或流源，而应该考虑其输出特性。键合图的源的特征在于势源的势量大小不受流量的影响，流源的流量大小不受势量的影响，这就意味着简单的源会成为一个不受负载影响的、功率输出可以无穷大的动力源。例如，图 3-22a 所示的电路图中，若将电源视为理想势源（恒压源），则图 3-22b 为其键合图模型。在这种情况下，其工作特性如图 3-22c 所示，电阻的变化会造成电阻特性曲线斜率的变化，而理想电源可以保持水平线的输出特性。实际电源则会因电流输出增大而出现输出电压降低的现象，因为输出功率一定是有限的。第 1 章中的内燃机外特性也是同样的道理。因此实际电源特性如图 3-22c 中虚线所示。

综上，在实际工程中对动力源的处理应当注重其实际工程特性，而不是简单将其作为理想源。这一点在第 4 章中还会做进一步说明。

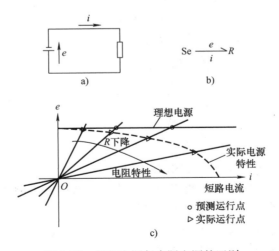

图 3-22　理想电源与实际电源的区别

从以上介绍的一通口元件可以看到，势源和流源属于能量输入方，因此可以归为有源键合图元；阻、惯、容元件属于对输入量给出反馈的元件，因此被称为被动键合图元。

（2）常见的一通口元件　表 3-5 所列为常见的一通口元件。

表 3-5　常见的一通口元件

常见元件		能量形式			
		平动机械	回转机械	液压系统	电系统
一通口元件类别	阻性元件	阻尼器、摩擦副	摩擦副	节流口、沿程损失	电阻
	惯性元件	质量块	飞轮	液感	电感
	容性元件	弹簧	弹性连接轴	蓄能器	电容

2. 二通口元件

二通口元件有两个通口，与其他元件有两根键连接。二通口元件有变换器和回转器两类。

（1）变换器　变换器是系统能量传输中，势变量对势变量及流变量对流变量的等倍率的转换关系。变换器的符号是 TF（transformer）。变换器的键合图形式如图 3-23 所示。

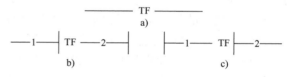

图 3-23　变换器的键合图形式

电路中的变压器、机械系统中的杠杆等都属于变换器元件。变换器仅转化功率的势流构成，并不改变功率的大小，因此变换器不消耗能量。常见的变换器如图 3-24 所示。

当键数量较多时，习惯上可以给键标明号码以示区分。根据两种因果关系，变换器有两种形式，如图 3-23b 和 c 所示。

对于图 3-23b 来说，变换器特性方程为

$$\begin{cases} e_2 = m_0 e_1 \\ f_1 = m_0 f_2 \end{cases} \tag{3-15}$$

对于图 3-23c 来说，变换器特性方程为

$$\begin{cases} e_1 = \dfrac{1}{m_0} e_2 \\ f_2 = \dfrac{1}{m_0} f_1 \end{cases} \tag{3-16}$$

式中，m_0 为变换器的变换倍数，称为变换器模数。

在有些系统中，变换模数是可以调节的，这种变换器称为可调变换器或调制型变换器，符号为 MTF。常见的几种变换器，如图 3-24 所示。

因变换器是势量对势量、流量对流量的缩放，因此其因果关系仅有两种，必须是一个键的因果划在近端，另一个键的因果划在远端。

变换器实现的是某种变量的放大和缩小，同时能够将能量形态进行转化，变换器两端的能量形态可以不一致，比如可以一端是机械能，另一端是液压能（液压泵）。因此它也是机

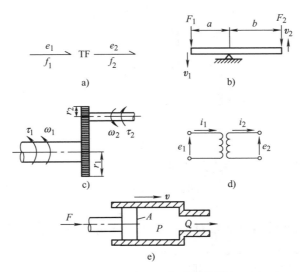

图 3-24 常见的几种变换器

械工程中最常用的能量转化元件。

（2）回转器 回转器是系统能量传输中，势变量对流变量及流变量对势变量的等倍率的转换关系。回转器的符号是 GY（gyrator）。回转器的键合图形式如图 3-25 所示。常见的几种回转器如图 3-26 所示。

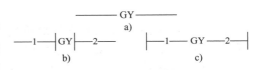

图 3-25 回转器的键合图形式

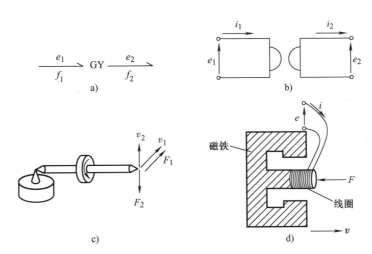

图 3-26 常见的几种回转器

在物理系统中，回转器不如变换器常见，液力转化元件（如变矩器、离心泵等）和机电转化元件（如直流电动机）都可用回转器表述。同样的，回转器仅转化功率的势流构成，并不改变功率的大小，因此回转器也不消耗能量。

根据两种因果关系，回转器有两种形式，如图 3-25b 和 c 所示。

对于图 3-25b 来说，回转器特性方程为

$$\begin{cases} f_2 = \dfrac{1}{r_0} e_1 \\ f_1 = \dfrac{1}{r_0} e_2 \end{cases} \tag{3-17}$$

对于图 3-25c 来说，变换器特性方程为

$$\begin{cases} e_1 = r_0 f_2 \\ e_2 = r_0 f_1 \end{cases} \tag{3-18}$$

式中，r_0 为回转器的变换倍数，称为回转器模数。

同样地，在有些系统中，回转模数是可以调节的，这种回转器称为调制型回转器，符号为 MGY。

与变换器类似，因回转器是势量对流量、流量对势量的放缩，因此其因果关系仅有两种，必须是两个键的因果划均在近端，或是均在远端。

同样的，回转器两端的能量形态可以不一致，可以实现机械、液压、电能的相互转化。

（3）调制 调制型变换器在解决机械类问题时，还可以作为坐标系转换的工具，这一点使得机械系统建模过程可以更加灵活。下面举一个简单的实例说明。图 3-27 所示为连杆机械传动系统。连杆在平面中围绕中心转动，其中连杆右端在 y 方向力 F 的作用下，具有速度 v_y，则这个力和速度通过机械传输，会在其中心转动点产生对应的转矩 τ 和转速 ω。这个转换过程可以通过几何关系求得，位移和转角满足：

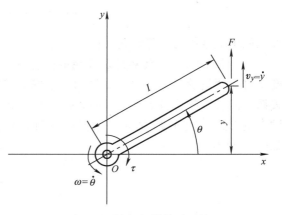

图 3-27 连杆机械传动系统

$$y = l\sin\theta \tag{3-19}$$

力平衡关系满足：

$$(l\sin\theta)F = \tau \tag{3-20}$$

对式（3-19）两边求导，则为

$$\dot{y} = (l\cos\theta)\dot{\theta} \tag{3-21}$$

实为

$$v_y = (l\cos\theta)\omega \tag{3-22}$$

注意观察，式（3-20）为转矩和力的关系（势量与势量的放缩），式（3-22）为速度和转速的关系（流量与流量的放缩），都符合变换器的规则，而且两个公式的模数都是 $l\cos\theta$。可见，这个机构是一个变换器。同时，模数中含有 θ，它会随时间变化，因此这个变换器属于调制型变换器，应写为 MTF。图 3-28 即为最终的键合图形式。

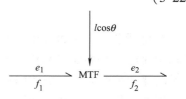

图 3-28 连杆机械传动系统的键合图

（4）常见的二通口元件　表3-6所列为常见的二通口元件。

表3-6　常见的二通口元件

二通口元件		元件类型	
		变换器	回转器
能量形式	平动机械	杠杆、滑轮组	—
	回转机械	齿轮、链、带传动	—
	电	变压器	—
	平动-回转机械转化	齿条、链轮	—
	液压-机械转化	液压泵、液压缸	—
	液力-机械转化	—	离心泵、液力变矩器、液力耦合器
	电-机械转化	—	发电机、电动机

3. 多通口元件

连接三个或以上键的元件称为多通口元件，多通口元件分共势结和共流结两类。

（1）共势结（0结）　如果系统中多个元件共享相同的势变量，则可以将这些元件连接在一个节点，这个节点称作共势结，用0来表示相同势量的节点，因此共势结又称作0结。图3-29所示为共势结的表示形式。

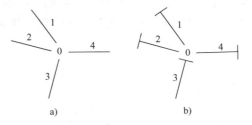

图3-29　共势结的表示形式

电路中的并联电路、液压系统的分流管道均可用共势结表示。

共势结的特性方程为

$$\begin{cases} e_1 = e_2 = e_3 \\ \sum f_i = 0 \end{cases} \tag{3-23}$$

需要说明的是，共势结同样是不消耗能量的元件，因此若共势结中势量均相等，流量则应符合各键上的流值代数和为零的原则。每一个通口流值的正负关系到功率的传输方向问题。关于这个问题将在后面的章节中介绍。图3-30所示为机电液系统的典型共势结。

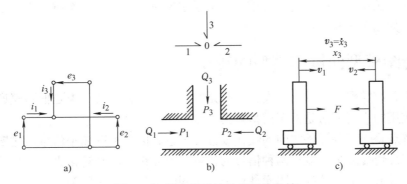

图3-30　机电液系统的典型共势结

因为共势结的势值是相同的，因此共势结只允许有一个键为其提供势量输入，这就决定了共势结的因果关系存在一种设定原则：只能有一个键的因果划在近端，其余均在远端，如图 3-29b 所示。

（2）共流结（1 结）　如果系统中多个元件共享相同的流变量，则可以将这些元件连接在一个节点，这个节点称作共流结，用 1 来表示相同流量的节点，因此共流结又称作 1 结。图 3-31 所示为共流结的表示形式。

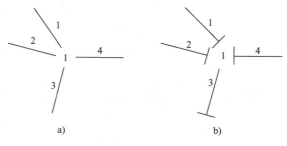

电路中的串联电路、机械系统的连接节点均可以用共流结表示。

图 3-31　共流结的表示形式

共流结的特性方程为

$$\begin{cases} f_1 = f_2 = f_3 \\ \sum e_i = 0 \end{cases} \qquad (3\text{-}24)$$

与共势结类似，共流结同样是不消耗能量的元件，其符合各键上的势值代数和为零的原则。每一个通口势值的正负关系到功率的传输方向问题。关于这个问题将在后面的章节中讨论。图 3-32 所示为机电液系统的典型共流结。

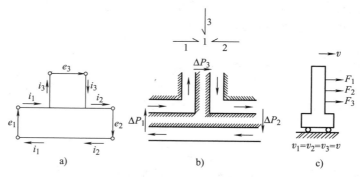

图 3-32　机电液系统的典型共流结

因为共流结的流值是相同的，因此共流结只允许有一个键为其提供流量输入，这就决定了共流结的因果关系存在一种与共势结相反的设定原则：只能有一个键的因果划在远端，其余均在近端，如图 3-31b 所示。

3.8　键合图模型向框图模型的转化

在本书中，数学模型主要指两类：一类是状态空间方程，另一类是框图模型。现代计算机仿真软件应用的主要方法是框图模型建模方法。

框图的特点是连接各元件之间的线代表信号传输，因此框图属于信号流建模工具；键合图的每一个键都包含势量和流量两种信号的传输，因此键合图在转化为框图时其每一个键中都包含两条信号流。不同的键合图元件代表了不同的信号转化函数关系，键合图与框图元件的对应关系见表 3-7。

表 3-7 键合图与框图元件的对应关系

	键合图	框图
一通口元件	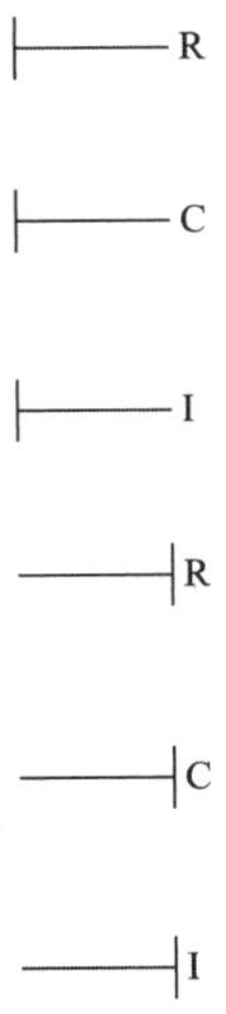	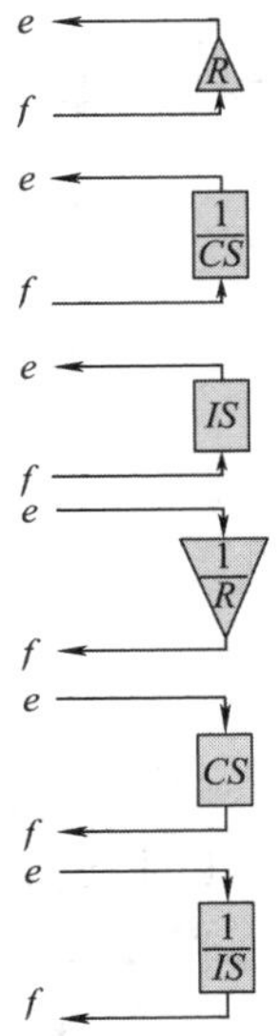
二通口元件	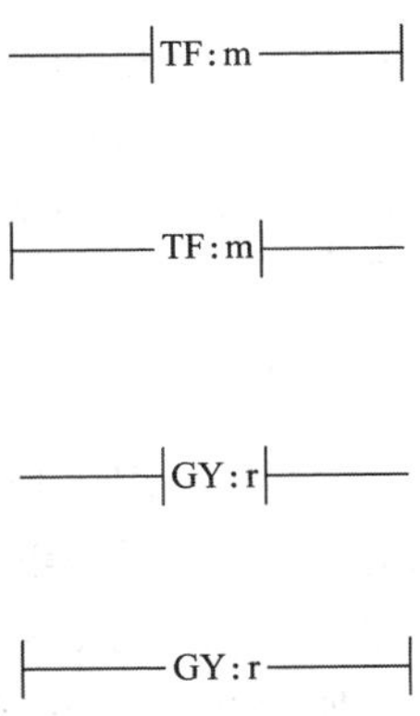	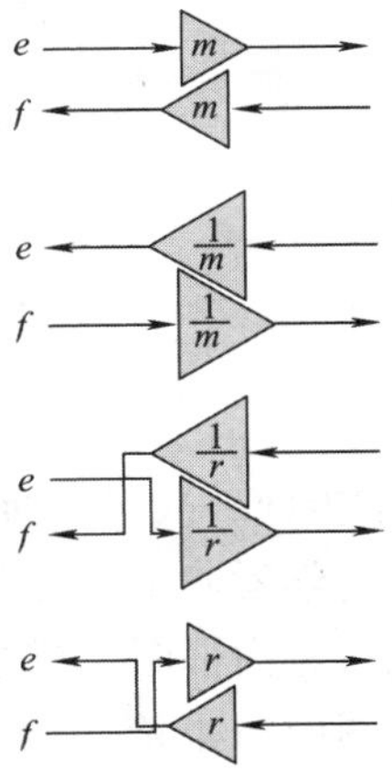
多通口元件	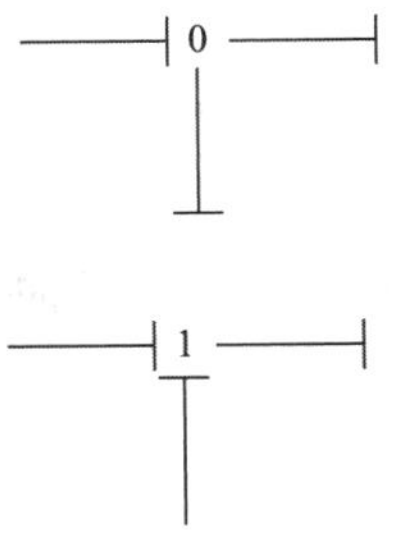	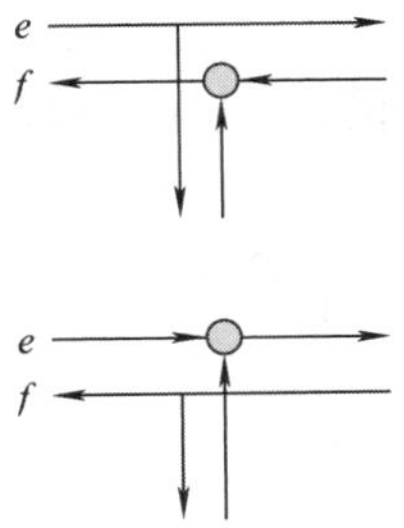

例如将图 3-7 转化为键合图的结果如图 3-33 所示，进一步转化为框图的结果如图 3-34 所示。

需要注意以下两点：

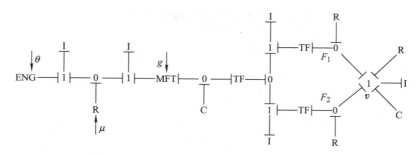

图 3-33　汽车传动系统的键合图

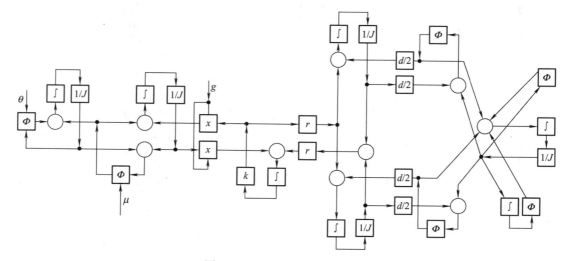

图 3-34　汽车传动系统的框图

1）半箭头的方向，决定了所有框图中加法器的加减符号；因果划则决定了框图中的箭头走向，这一点初学者非常容易混淆。严格地说，只有加注了所有键的因果划和半箭头之后的键合图，才能转化为框图。反之，若键合图中的因果划暂未加注，则框图中的箭头方向无法确定；若键合图中的半箭头暂未加注，则框图中的加法器无法确定加减符号（这也是图 3-34 中的加法器没有加减符号的原因）。对于这个问题在后续的章节中还会进一步详细介绍。

2）除框图外，得出的数学模型的另一种形式是状态空间方程。这种形式将在第 6 章中进行介绍。

建立框图之后，即可将模型输入计算机仿真软件进行求解，从而成功实现物理模型到数学模型的转化。

第 4 章

键合图系统建模基础

可以看到，通过键合图方法，系统建模由两个关键的步骤组成，如图 4-1 所示：

1）根据物理系统建立键合图模型。

2）根据键合图模型建立数学模型（框图或状态空间方程）。

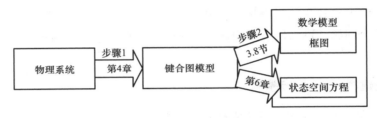

图 4-1　系统建模的两大步骤

这其中，步骤 2 有固定的数学逻辑，问题相对确定。而步骤 1 则需要对物理问题本身具备一定理解和认知能力，因此也是最为关键的步骤。本章致力于解决步骤 1 的问题，即如何根据物理系统建立键合图模型。

由于键合图理论多年来的发展，电系统、机械系统、液压系统，已经有成熟的建模流程可以供学习参考，这将是本章重点介绍的内容。对于较为复杂的工程实际问题，系统建模的理论也在不断完善，这部分的建模流程将在下一章进行介绍。

首先说明的是，本章中的建模未在键合图中增加因果划，但半箭头方向会全部完成标注。因果划的加注在第 3 章已经做了基本规律的解释，为整个键合图模型加注因果划将在第 6 章中进行介绍。

4.1　电系统的建模

这里的电系统指的是电路回路系统，包括电源、电阻、电容、电感和变压器元件。首先讲解电系统建模是因为电系统在机电系统建模方面更加基础和典型。为了说明电系统建模步骤，先列举一个实例来说明对电系统建模的基本思路。

例 4-1　如图 4-2 所示，系统中并不存在电源。没有电源的系统也有研究意义，因为系统即使没有电源，在非稳态下同样可体现出随时间变化的动态响应，例如 LC 振荡回路。在系统建模中，这个系统也是可以建

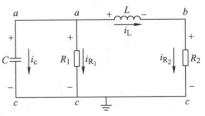

图 4-2　例 4-1 电路

模并运算的。图4-3所示为该系统的键合图模型。

对于例4-1的键合图模型可以这样理解：

首先它具备四个基本电路元件，一个电容C，两个电阻R_1和R_2，以及一个电感L。根据第3章的定义可知，键合图中元件分别为C、R、I的一通口元件。

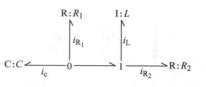

图4-3　例4-1的键合图模型

然后在电路中a点处为并联结构，C、R_1，以及L与R_2串联，这三个部分通过a点并联。因此a点应为一个共势结。L与R_2为串联关系，因此它们是一个共流结连接。

最后是确定功率键的走向，即半箭头的指向。要确定功率键的走向，必须先定义电流的正向。图4-2中已经定义了电流的正向，根据正向定义规则，不难推断出4个一通口元件都是指向R、C、I元件的。而图4-3中的0和1之间的功率键走向较为复杂，这时依然看a点位置，a点连接的元件的电流正向定义都是远离它的方向，因此0结周围的所有键指向应该都是向外的。

用这种方法将电路转化为键合图只适用于较为简单的电路，电路一旦复杂就会很难实行。为了解决这个问题，可采用下面的标准步骤，只要按照这个步骤进行建模，键合图模型就能准确完成。

1. 电系统建模的标准步骤

（1）定义正向电流　在图中标注所有的正向电流包括两步：

1）对所有元件标注一个箭头，说明电流以哪个方向为正。

2）对每个元件的连接端标注正负标志。正负标志的标注应当使其符合电流的方向，需要注意，源和R、C、I元件不同，源的正负号和箭头方向是相反的，因为源在系统中是动力源，如图4-4所示。

图4-4　电阻（电容、电感）和电源的正向标注方法

（2）标注节点　键合图可绘制在另一张图上，应对系统中的关键节点标注（0结）。其布置位置可以参考原电路图，这样键合图的形状会与电路图相似，以便理解。

（3）插入元件　各个节点之间通过元件连接的情况，只需在两个节点之间添加1结连接，并再加一个对应的R、C、I元件连接到1结即可。

电系统建模标准步骤的关键是功率键的方向标注（半箭头），应按照电压差降低的方向标注。在这个规则之下，所有R、C、I元件的半箭头都会由1结指向元件，所有的源都会由源指向1结，如图4-5所示。

一般键合图建模到这一步已经可以结束了，但有时考虑对系统进行进一步简化，可以继续下一步操作。

（4）定义地线　规定0电压位置，由于0电压位置意味着其所有连接的1结的势输入均为0，因此可以将0电压0结及其连接的所有键全部删除。

（5）简化键合图　简化规则主要是可以删除仅有2个键且半箭头顺延的0结和1结。

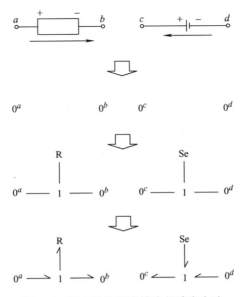

图 4-5 插入元件时半箭头的确定方法

为了说明电系统建模的过程，以下给出两个实例。

例 4-2 如图 4-6 所示，该电路图中有 1 个电源、2 个电阻、3 个电容以及 2 个电感。这样的电路图难以根据直观理解进行建模，因此可尝试使用建模标准步骤的方法。

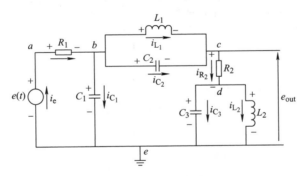

图 4-6 例 4-2 电路

第一步定义正向电流。图 4-6 中已定义了正向电流。正向电流的一般定义方法请参照图 4-4 的说明，其基本原则为，电源以电势增加的方向作为正向电流方向，电容、电阻和电感则以电势降低的方向作为正向电流方向。

第二步标注节点。用共势结标注位置，如图 4-7 所示。在电路图中选取关键的并联节点作为共势结的标注位置。标注共势结可以多选一些节点，图 4-7 中选取了 a、b、c、d、e 五个点作为共势结的标注。其中 e 点有 4 个。这是为了在整个键合图转化过程中能够更加清晰直观地显示整个键合图的拓扑结构。

第三步插入元件。根据电阻、电容和电感分别插入 R、C 和 I 元件。插入时，首先插入 1 结，1 结上连接一通口元件。同时在图 4-7 中添加半箭头。完成第三步之后的键合图如图 4-8 所示。

第四步定义地线，也就是 0 电压的位置。在电系统中，电路图通常会标注地线的位置。

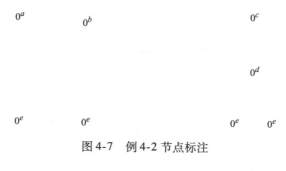

图 4-7　例 4-2 节点标注

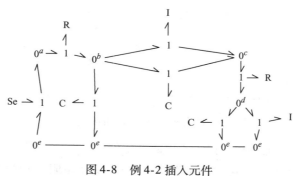

图 4-8　例 4-2 插入元件

在本例中，地线为 e 点，然后将所有地线对应的 0 结全部删除，同时删除与它们相连的键即可。完成第四步之后的键合图如图 4-9 所示。

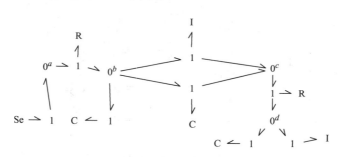

图 4-9　例 4-2 定义地线

第五步简化。简化的规则主要是看 0 结和 1 结的结构，有以下两种情况：

1）多个 0 结或多个 1 结的串接。如果多个 0 结相连，则可以将其合并为统一的 0 结。同样的，1 结与 1 结相连，也可进行合并，如图 4-10 所示。

图 4-10　多个 0 结或 1 结串接的简化

此类合并后，原有与外界相接的键的半箭头和因果划保持不变。

2）单个 0 结或 1 结仅有 2 个键，且半箭头顺位。如果 0 结或 1 结仅连接两个键，则可以将其省略，如图 4-11 所示。需注意，这种省略的前提是两个键的半箭头指向是顺位的。若不是顺位的，则必须对其进行保留，因为其中具备符号变换，如图 4-12 所示。

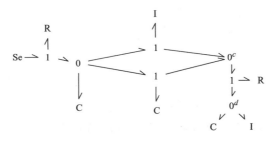

图 4-11 共势结和共流结仅有两个键的简化

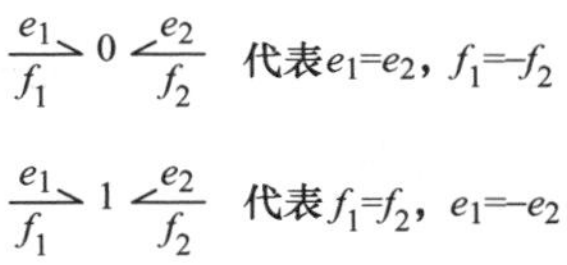

$$\frac{e_1}{f_1} \rightarrow 0 \leftarrow \frac{e_2}{f_2} \quad 代表 e_1 = e_2, f_1 = -f_2$$

$$\frac{e_1}{f_1} \rightarrow 1 \leftarrow \frac{e_2}{f_2} \quad 代表 f_1 = f_2, e_1 = -e_2$$

图 4-12 共势结和共流结仅有两个键但不能简化的情况

按照这些规则，本例的简化后结果如图 4-13 所示。可以看到，简化主要是将仅连接两个键的 0 结和 1 结进行删除。

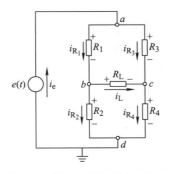

图 4-13 例 4-2 简化后结果

例 4-3 惠斯通电桥是在工程应用中非常常用的电桥电路。图 4-14 所示为该电桥电路，其中已完成了第一步电流正向的标注。对于其中的电桥电阻 R_L 来说，电流的方向并不能确定，此时可以进行任意方向的标注。

图 4-14 例 4-3 惠斯通电桥电路

第二步标注节点，选取 a、b、c、d 四个关键并联结点作为共势结标注，如图 4-15a 所示。

第三步元件插入，即在每个元件的位置插入 1 结，并在 1 结上连接一通口元件（电阻），如图 4-15b 所示。

第四步标注地线，根据原电路图的位置，与 d 点相连接的即为地线，将其进行删除。

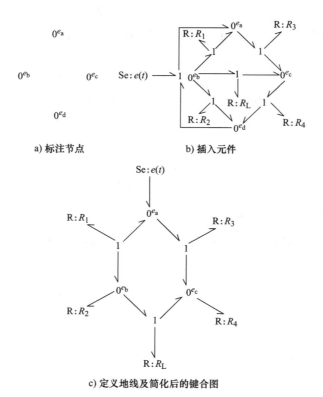

a) 标注节点   b) 插入元件

c) 定义地线及简化后的键合图

图 4-15　电系统例 4-3 惠斯通电桥的键合图建模

第五步简化，简化并进行一定拓扑结构变化，即可得出如图 4-15c 所示的键合图。

这就是惠斯通电桥得到的键合图模型。可以看到它的结构与化学中的苯环非常相似。这也是为什么键合图采用"键"来命名的一个原因之一。

2. 多回路电路建模

以上的三个实例，电路仅有一个电路回路。而在实际问题中经常会遇到多回路的电路。多回路电路中会有二通口元件（变换器和回转器）。

第 3 章中提到的变换器也就是变压器。图 4-16a 所示为变压器的电路示意图，图 4-16b 所示为将该示意图转化得出的键合图。

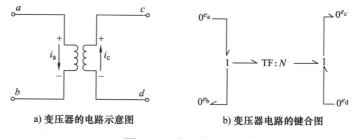

a) 变压器的电路示意图   b) 变压器电路的键合图

图 4-16　变压器电路

若定义图 4-16b 中 b 点与 d 点为地线，则可删除其对应的元件，简化得到图 4-17。

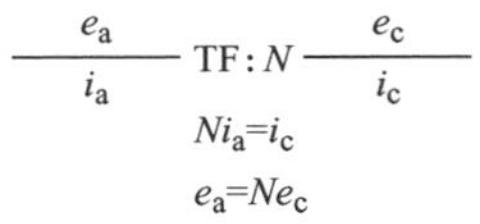

$$\frac{e_a}{i_a} \underline{\quad} \mathrm{TF}:N \underline{\quad} \frac{e_c}{i_c}$$

$$Ni_a=i_c$$

$$e_a=Ne_c$$

图 4-17 变压器键合图简化结果

可以看到，变压器这类元件可以作为两个回路的能量交互，其对于图 4-16a 中左侧回路起到了类似 R、C、L 元件的储能或耗能作用，而对于右侧回路则起到了类似电源的提供能量的作用。

以下通过例 4-4 说明带有变压器的多回路电路的建模。

例 4-4 如图 4-18 所示，图中有 2 个电源和 2 个回路，两回路通过一个变压器进行连接。事实上，多回路建模的基本步骤与单个回路类似。第一步同样是首先定义电流正向。在图 4-18 中已经完成。

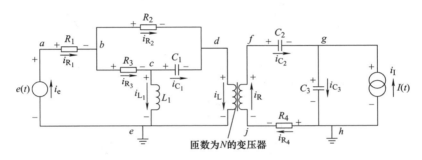

图 4-18 例 4-4 电路

第二步节点标注。共势结的标注如图 4-19 所示。

第三步插入元件，图 4-19b 所示为插入元件之后的键合图。可以看到，变压器在两个电路当中均作为一个插入元件，同时它会连接两个电路。

最后定义地线及简化键合图，得到图 4-19c 所示的键合图模型。

在有些电路图中也可以进行信号键的运用，例如例 4-5。

例 4-5 在图 4-20 所示的多回路电路中，右侧的电源 $I(t)$ 是一个可控制的电源。左侧的电源 $e(t)$ 是恒流源，恒流电源的含义是其电流的大小受到前半部分电路输出端的电压的控制。例 4-5 的建模步骤如图 4-21 所示。图 4-21b 中的 Sf，也就是流源，受到左半部分电路输出端电压的控制。这时可标注信号键指向该流源。

3. 梯状电路、π 电路和 T 电路

掌握以上电路电系统建模的基本步骤就可以对各种较为复杂的电路进行电系统建模。图 4-22 所示为典型的梯状电路。读者可根据流程步骤自行尝试整个建模过程，图 4-23 所示为其建模的最终结果。

梯状电路实际为图 4-24 所示的树形结构。其中一根线为主线，从电源连接至负载，另一根线为地线。不考虑地线，主线上的串接电阻实际均为 1 结的连接元件。连接至地线的电阻实际均为 0 结的连接元件。事实上，若将电阻更换为电容或电感，其树形结构不会发生变化。

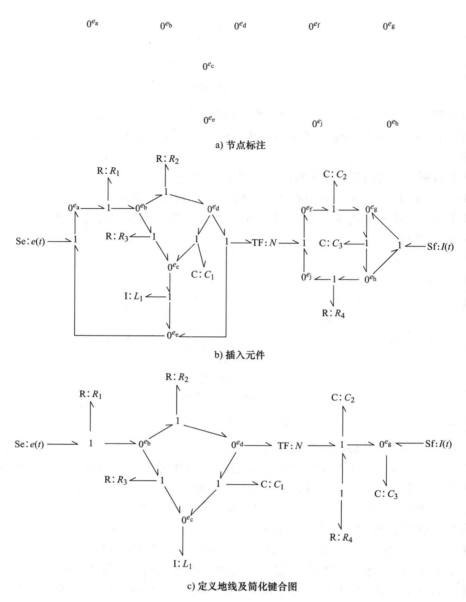

a) 节点标注

b) 插入元件

c) 定义地线及简化键合图

图 4-19 电系统例 4-4 的键合图建模步骤

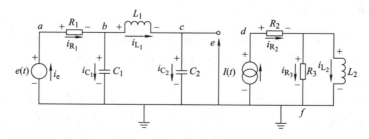

图 4-20 例 4-5 带有可控电源的电路

0^{e_a} 0^{e_b} 0^{e_c} 0^{e_d} 0^{e_e}

0^{e_f} 0^{e_f} 0^{e_f} 0^{e_f}

a) 标注节点

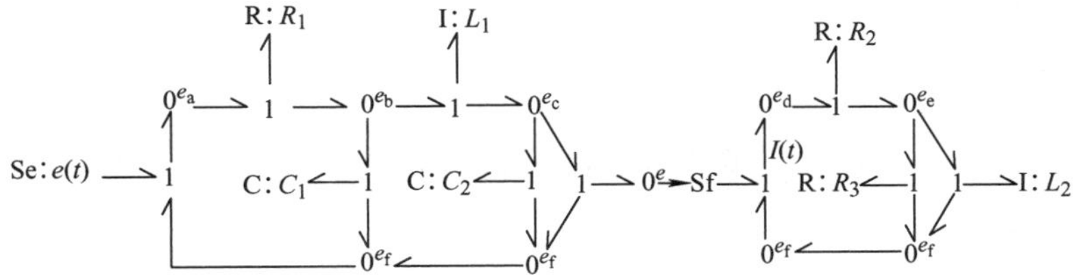

b) 插入元件

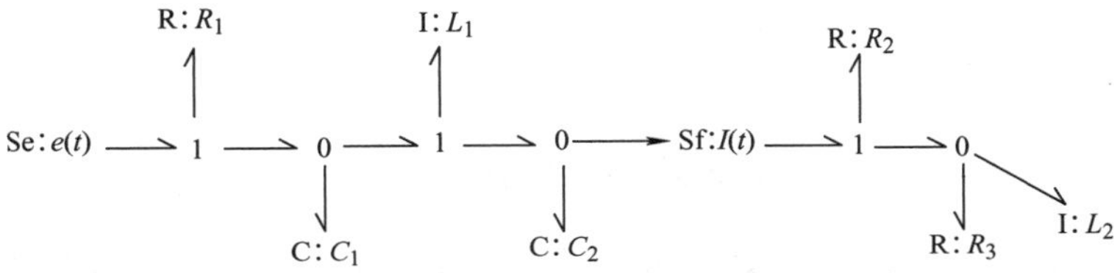

c) 定义地线及简化键合图

图 4-21 例 4-5 的键合图建模步骤

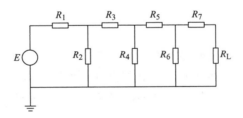

图 4-22 梯状电路

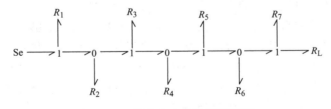

图 4-23 梯状电路的键合图模型

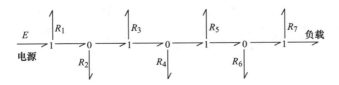

图 4-24 梯状电路的树形结构

在梯状电路的基础上，还衍生出了 π 电路和 T 电路，其树形结构分别如图 4-25、图 4-26 所示。

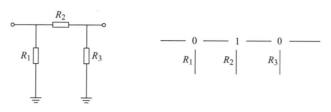

图 4-25　π 电路的树形结构

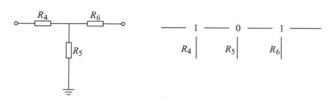

图 4-26　T 电路的树形结构

以上为电路系统的建模过程，建议可针对一些实例自行练习，以掌握建模的整个步骤。

4.2　机械系统的建模

1. 平动机械系统

机械系统建模的主要目的是能够求解它的动态过程。具备动态过程的系统属于动力学系统，必须考虑系统中元件的惯性（质量）和弹性（刚度）。一般来说，典型机械系统具有质量块、阻尼、弹簧等基本元件。其中，质量块相当于一通口元件中的 I 元件，阻尼器相当于 R 元件，弹簧相当于 C 元件。

需要强调的是，机械系统建模最关键也是最复杂的问题在于速度、弹簧和阻尼器的正向定义。与电系统不同，机械系统的力为作用力与反作用力关系。同时，速度也可进行两个方向的定义，因此这部分非常容易混淆。读者需要进行多次练习方能够较好地掌握正向定义和功率键半箭头方向之间的关系。后续的介绍会对这部分内容做重点描述。

（1）关键速度点的分解　机械系统建模的关键是系统需要被细分为若干个运动的质点，质点与质点之间通过某些关系相互作用。因此，建模时应先选择各个关键的质点作为 1 结。

在大多数情况下，关键质点是质量块所代表的点，如图 4-27 所示。但有些时候，关键点可能不具备质量，只是一个节点。

因此在进行机械系统建模时，首先需要找到系统中的关键速度点。这如同在电系统中找到关键的共势结作为键合图绘图的第一步。也就是说，电系统建模是先标注若干 0 结，再在 0 结当中插入 1 结；而机械系统刚好相反，是先标注若干 1 结（关键速度点），再在 1 结当中插入 0 结。

对于机械系统来说，关键质点应包括接地点和质量块两个，设其速度分别为 v_{ref} 和 v_1，则该系统会有两个关键的速度点，可将其写为两个 1 结，如图 4-28a 所示。

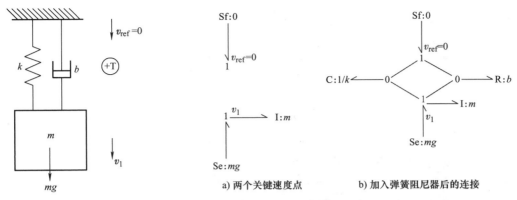

<table>
<tr><td>图 4-27 弹簧-质量块系统</td><td>a) 两个关键速度点</td><td>b) 加入弹簧阻尼器后的连接</td></tr>
</table>

图 4-27　弹簧-质量块系统　　　图 4-28　弹簧-质量块系统键合图模型

由图 4-28a 不难想象，接地点为零速度点，因此可以给一个流源做速度输入，同时该速度为零。再来看质量块的 1 结 v_1 应连接的元件。质量块受到自身重力作用，因此它会受到一个势源的影响，在 v_1 上连接一个势源 Se。质量块的质量为 I 元件，因此增加一个 I 并将其连接至 v_1 的 1 结。

这时需要注意的是 Se 和 I 元件的半箭头方向。

对于 I 元件来说，半箭头始终是指向 I 元件，但 Se 则可能有变化，这时就需要通过速度的正向定义来进行判断了。在图 4-27 中标注了 v_1 和 v_{ref} 的正向，均向下为正，重力 mg 也向下为正。因此，在重力的作用方向发生位移则意味着系统会获得正的能量，即重力是产生能量的力，是真正的"能量源"。在这种定义下，Se 的键半箭头应由 Se 指向 1 结。假如在正向速度定义时，定义向上为正，则 Se 就应该是相反的半箭头方向了。在机械系统中，半箭头的方向是十分容易出错的，需要格外留意。

接下来需要考虑的是质量块和接地点通过弹簧和阻尼器的连接。因弹簧和阻尼件应是一个元件连接两个速度节点，在这种情况下，元件两端会形成作用力与反作用力关系，所以元件通过共势结进行连接是合理的，如图 4-28b 所示。

（2）弹簧、阻尼器连接的半箭头方向确定　为了科学定义半箭头的方向，还需要定义正负，即弹簧或阻尼器是以压缩为正，还是以拉伸为正。因此应在图中弹簧、阻尼器的位置标注 "+T" 或 "+C" 符号。如果认为拉伸为正，则标 "+T" 符号，如图 4-29 所示；如果认为压缩为正，则标 "+C" 符号。

加标半箭头时十分容易出错，建议参考以下思路进行标注：

1）根据 0 结的规则，写出流的求和公式（符号待定）。

2）通过正负定义得出速度关系式。

3）将速度关系式转为求和为 0 的公式，从而确定 0 结流求和公式的正负号。

4）根据正负号，确定半箭头的方向。

这种思路实为通过求和公式反标半箭头方向的过程，是较为科学且不易出错的方法。

例 4-6 以图 4-29 为例：

第一步，写待定求和式。图 4-29 中，v_1 和 v_2 两个质点通过弹簧连接。设弹簧拉压的相对速度为 v_{ral}，因为中间是 0 结，因此流满足求和公式：

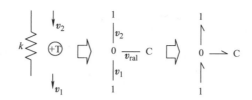

图 4-29　机械系统弹簧阻尼连接的半箭头标注（一）

$$\pm v_1 \pm v_2 \pm v_{\text{ral}} = 0 \tag{4-1}$$

主要问题变为如何确定该等式的正负号。

第二步，确定速度关系式。对于弹簧来说，因拉伸为正（ +T ），也就是拉伸时 v_{ral} 为正。假设两个速度 v_1 和 v_2、相对速度 v_{ral}，以及弹簧伸缩都为正值，即弹簧处于拉伸状态且两端均为正，为向下运动中。可以看到，只有 $v_1 > v_2$ 时，弹簧处于拉伸状态。所以该求和式为

$$v_1 - v_2 = v_{\text{ral}} \tag{4-2}$$

第三步，转为求和为 0 的公式。移项调整为 0 结标准形式，有以下两种可能：

$$v_1 - v_2 - v_{\text{ral}} = 0 \tag{4-3a}$$

$$-v_1 + v_2 + v_{\text{ral}} = 0 \tag{4-3b}$$

理论上，通过式（4-3a）和式（4-3b）都可以得出半箭头的方向。不过实际中，为了使得 C 元件的键功率流处于指向元件的状态，选用式（4-3a）更加规范，即应选择让 v_{ral} 保持负值的状态。

第四步，根据正负号确定半箭头的方向。根据式（4-3a）可以看到，v_1 为正，故其功率流为流入 0 结状态；其他两项为负，故其功率流为流出 0 结状态。

至此可得到结果。不难看到，正向定义、速度的正向定义，以及弹簧和阻尼器的拉伸为正或压缩为正的定义，会直接影响键的指向。例如在本例中，假如定义压缩为正，则最终 v_1、v_2 两个键的方向与图 4-29 所示方向是相反的，如图 4-30 所示。

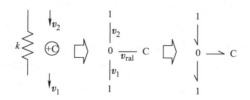

图 4-30　机械系统弹簧阻尼连接的半箭头标注（二）

这是因为，此时求和公式变为

$$v_2 - v_1 = v_{\text{ral}} \tag{4-4}$$

进一步推导就会发现，这时半箭头与之前的情况刚好相反。

而假如定义压缩为正的同时，将速度改为向上为正，则又会与图 4-29 的情况得到相同结果，如图 4-31 所示。

需要注意，速度方向定义后不应随意修改，因为这可能会影响前一步源的键。这也是为何应先定义正向，再进行之后步骤的原因。

读者还可进行多次练习判断半箭头标注的方向。例如，如果两个速度定义方向相反，则会出现图 4-32 所示的情况。

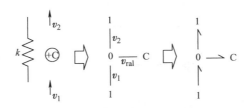

图 4-31　机械系统弹簧阻尼连接的半箭头标注（三）

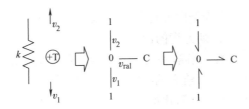

图 4-32　机械系统弹簧阻尼连接的半箭头标注（四）

这是因为求和式为

$$v_1 + v_2 = v_{ral} \tag{4-5}$$

这一种定义方法虽然可以建模，但不推荐。速度的正向定义最好是统一的方向，因为这样有利于后期的简化。

在实际系统中，也可以先行标注功率键，再定义正向，有时这样会更加方便。因此，读者也可不必过于纠结于此点。但需要特别注意，速度的方向会影响源的键的半箭头，随意的更改并不可取。而且在后续章节中会介绍系统同时存在平动和转动的情况，这涉及系统坐标变换，其中正向定义极其重要。

回到弹簧质量块的实例，确定半箭头方向后，得到的键合图如图 4-33 所示。

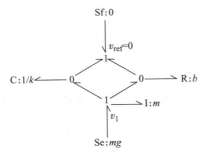

图 4-33　弹簧-质量块系统的键合图模型

由于接地点为零速度点，则可对其进行简化，这与电路系统中删除接地点对应 0 结的原理相同。对箭头进行简化则可得到弹簧-质量块系统的键合图模型，如图 4-34 所示。

（3）平动机械系统建模的标准步骤　对以上建模步骤进行总结，机械系统建模同样可以找到一个流程。以下为机械系统建模的标准步骤：

1）定义速度的正向以及弹簧阻尼器的正向（压缩为正"＋C"，拉伸为正"＋T"）；

2）建立 1 结，它代表每个关键质点。

3）根据系统的约束条件和外力作用增加源。根据每个 1 结的惯性考虑，增加 I 元件。

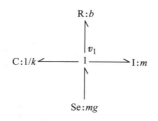

图 4-34　简化后的弹簧-质量块系统键合图模型

关于键的半箭头方向，I 元件均为指向元件，源则根据力是否和速度正向统一进行判断。若统一，则为指向系统；若相反，则为指向源。

4）0 结连接弹簧和阻尼器。半箭头方向根据速度差对应的"＋C"或"＋T"来确定。可参考前文的半箭头标注步骤。

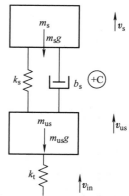

5）删除参考速度点和相关键，简化键合图。

例 4-7　如图 4-35 所示，有两个质量块和地面连接的系统，这个系统来源于对汽车底盘悬架的建模。以下对其建模流程进行介绍。

第一步，定义正向，这包括各个关键质点的速度正向和弹簧、阻尼器的拉伸与压缩正向。图 4-35 中已完成定义，所有速度均以向上为正。所有弹簧阻尼均以压缩为正。

第二步，加入 1 结表示关键质点。本模型中关键质点有三个，分别为上质量块、下质量块和地面。

图 4-35　汽车底盘悬架结构

第三步，连接源和 I 元件，如图 4-36 所示。

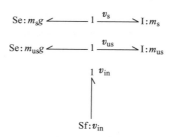

图 4-36　汽车底盘悬架键合图建模的速度点定义

由于速度以向上为正，而重力均为向下，因此两个重力产生的源，均应为指向源的形式，如图 4-36 所示。

I 元件则均为指向元件。

第四步，为插入 R 元件和 C 元件，并通过 0 结进行连接。

先看 v_{in} 和 v_{us} 中间的 C 元件。设 C 元件变形的相对速度为 v_{ral}。因向上为正，且压缩为正，也就是说如果 v_{ral} 要为正值，应当是处于 $v_{in} > v_{us}$ 的状态。所以其速度关系式应为

$$v_{in} - v_{us} = v_{ral} \tag{4-6}$$

移项得到 0 结的流求和标准形式：

$$v_{in} - v_{us} - v_{ral} = 0 \tag{4-7}$$

所以 v_{in} 是指向 0 结，而 v_{us} 和 v_{ral} 都是由 0 结指出。

再看 v_s 和 v_{us} 中间的 C 元件和 R 元件。设其变形的相对速度为 v_{ral}，两个元件相对速度相同，故只需要分析一个即可。因向上为正，且压缩为正，故其速度关系式为

$$v_{us} - v_s = v_{ral} \tag{4-8}$$

移项得到 0 结的流求和标准形式：

$$v_{us} - v_s - v_{ral} = 0 \tag{4-9}$$

所以 v_{us} 是指向 0 结，而 v_s 和 v_{ral} 都是由 0 结指出。

得到的键合图如图 4-37 所示。

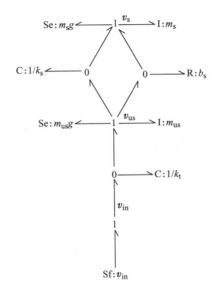

图 4-37　汽车底盘悬架键合图模型

第五步，对系统进行连接和简化。至此本系统实际只有一个地方可以简化（可删除 v_{in} 的 1 结），这里不再赘述。

（4）关于受力分析　读者也许会发现在整个建模过程中并没有做任何受力分析。在建模过程中，通过对相对速度的考虑确定半箭头方向，实际上是进行了运动学的分析，分析各个节点的速度的变化。

在传统机械原理中，运动学和动力学是两个不同的方向。运动学通常研究的是整个机构在运动过程中的速度、位移等问题，而动力学则研究的是系统的力学问题，会涉及系统元件的质量、弹性等。在键合图中，这两个问题则变成了同一个问题。系统建模是通过运动学分析解决动力学问题的。

下面将对以上系统进行力学分析来验证上述结论，如图 4-38 所示。v_s 和 v_{us} 之间的弹簧产生的力设为 F_{ks}，阻尼产生的力设为 F_{bs}。v_{in} 和 v_{us} 之间的弹簧产生的力设为 F_{kt}。

对其列举力平衡方程：

$$F_s = F_{ks} + F_{bs} - m_s g \tag{4-10}$$

$$F_{us} = F_{kt} + F_{ks} - F_{bs} - m_{us} g \tag{4-11}$$

式中，F_s 为 s 所受到的合力，会驱动 s 产生加速度；F_{us} 为 us 所受到的合力，会驱动 us 产生加速度。

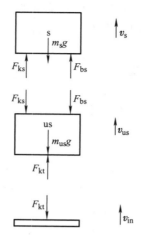

图 4-38 汽车底盘悬架的受力分析

根据完成的键合图模型，通过其中的 1 结（各个关键速度质点）能够得出一个势的求和公式。平动机械中势就是力，这个求和公式正是一个力平衡方程。

将 F_{ks}、F_{bs} 和 F_{kt} 放在键合图中，其对应的是三个元件 0 结上的力。F_s 和 F_{us} 则为连接 I 元件的键上的力。

因此对于 v_s 的 1 结，其求和式为

$$F_{ks} + F_{bs} - m_s g - F_s = 0 \tag{4-12}$$

正负号是根据键的半箭头方向确定的。对于 v_{us} 的 1 结，其求和式为

$$F_{kt} + F_{ks} - F_{bs} - m_{us} g - F_{us} = 0 \tag{4-13}$$

可以发现该方程与进行受力分析得出的方程完全相同，也就是说用键合图理论建模时只需要对系统进行运动学分析。建立键合图模型之后，其受力分析，也就是动力学问题就会迎刃而解。这也是应用键合图模型对机械系统建模的一大优势。

（5）功率环结构　在建模中，经常会看到如图 4-39 所示的结构。这样的结构在弹簧阻尼器连接中十分常见，称为功率环。功率环均可简化成图 4-39b 所示的结构。

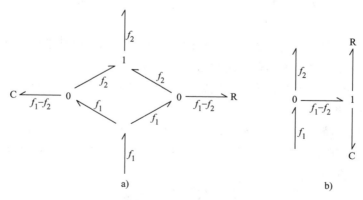

图 4-39 功率环结构

（6）带有二通口元件的机械系统　以下再用一个带有杠杆结构的平动机械实例进行介绍。

例4-8 如图4-40所示，系统中有一个杠杆，杠杆的左端通过一个滑轮进行水平与垂直转换，杠杆的右端连接弹簧与阻尼器。

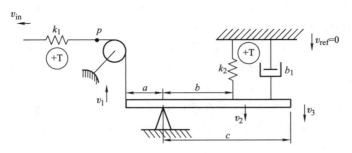

图4-40 带杠杆结构的机械系统

第一步，定义正向。对于弹簧阻尼器，定义拉伸为正。对于有杠杆和滑轮这样的系统，其中存在速度方向的转化。定义时，可首先假设一个方向来假设这个系统的变化，本例假设速度输入端向左运动，即杠杆应出现左端向上、右端向下的运动。速度正向可按这样的规则定义。这种定义的优点是最终得出的键合图功率键方向会是顺位的。

第二步，定义速度节点，并绘制共流结。图4-40中的关键速度节点已经绘制于图4-41a中。

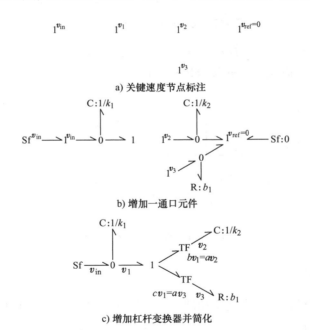

图4-41 带杠杆机械结构的键合图建模

第三步，由于这个实例中并没有标出质量块，因此速度节点上都没有连接I元件。可直接进入下一步，即插入R元件和C元件。

对于键的方向标定，依然可通过速度差值为正判断。拉伸为正，则 v_{in} 与 v_1 应在满足 $v_{in} > v_1$ 时出现拉伸。则

$$v_{in} - v_1 = v_{ral} \qquad (4-14)$$

则该节点的键方向应为 v_{in} 至 v_1 方向。v_2 与 v_{ref}、v_3 与 v_{ref} 的方向同理。至此可得

到图 4-41b。

第四步，根据前述讲解，杠杆应属于变换器。而这个变换存在于 v_1 与 v_2 之间以及 v_1 与 v_3 之间。因此可在 v_1 与 v_2 间插入 TF 元件，v_1 与 v_3 间插入另一个 TF 元件。

第五步，对键合图进行简化，如图 4-41c 所示。

TF 的标注一般是加冒号，并加标注系数 m。不过这里建议将 TF 元件所代表的转化公式标注在图中，如图 4-41c 所示。这样标注的好处在于未来将其转化为数学模型时不易出错。

例 4-8 中没有标出任何质量块。实际中，杠杆一定是有质量的，但若该质量非常小可以忽略的话，在建模时可不予考虑。因此在建模时要根据实际需求，确定系统中的质量是否可以省略。假设在杠杆 v_1 处的质量不能省略，则该系统如图 4-42 所示。

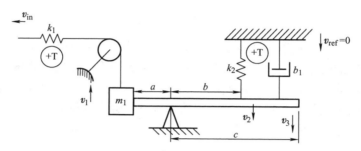

图 4-42　考虑质量的带杠杆机械结构

对于键合图则可直接在 v_1 对应的 1 结上增加连接 I 元件即可，如图 4-43 所示。这也是键合图的优势，在系统需要简化或复杂化时可较为方便地转化。

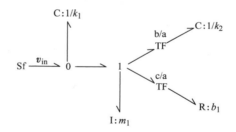

图 4-43　考虑质量的带杠杆机械结构键合图模型

2. 转动机械系统

转动机械与平动机械的原理基本相同，其中转矩代替了力，转速代替了速度。转动机械系统的建模步骤如下：

1）定义角速度的正向。

2）1 结代表每个角速度的元素。

3）添加源和 I 元件，I 元件半箭头方向为吸收方向。

4）插入弹簧和阻尼器，即 R 元件和 C 元件。半箭头走向按实际系统的功率传输方向标注。

5）简化，删除参考角速度点和相关键。

例 4-9　如图 4-44 所示，该转动机械系统由电动机带动弹性轴，并驱动飞轮转动。飞轮另一端连接阻尼器，如图 4-44 所示。

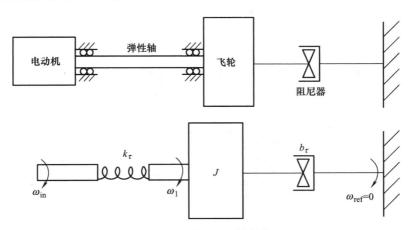

图 4-44　例 4-9 系统结构

第一步，定义角速度的正向。转动机械在定义正向时，需定义其为顺时针还是逆时针转动，图 4-44 中标注若从左向右看则为顺时针转动。

事实上，转动机械应当同时定义弹性轴和阻尼器向哪个方向转动为正。平动可有拉伸和压缩的区别，但该问题在转动上会十分抽象，很难理解。建议在建模时保持键的指向相同即可。实际转动机械传动一般是变速器、减速器等机械的传动。此类传动中通常是单独的功率流传输方向。

第二步，绘制 1 结代表每个角速度的元素。本系统中关键角速度元素为电动机输出点、飞轮点以及接地点，如图 4-45a 所示。

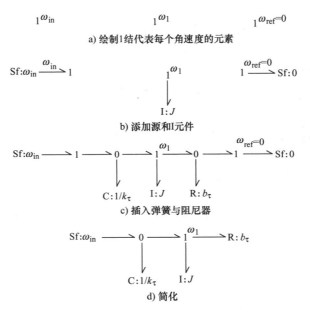

图 4-45　例 4-9 的键合图建模过程

第三步，添加源和 I 元件。因电动机为源，故给予流源输入。飞轮必须考虑转动惯量，连接 I 元件。因接地点速度为零，故给予流源为零，如图 4-45b 所示。

第四步，插入弹簧与阻尼器。电动机与飞轮的弹性轴则为 C 元件，飞轮与接地为 R 元件，如图 4-45c 所示。

第五步，进行简化，如图 4-45d 所示。

例 4-10　图 4-46 所示为通过齿轮传动的两个传动轴。

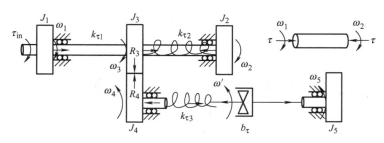

图 4-46　例 4-10 系统结构

首先定义正向。上轴定义为从左向右看为顺时针转动，下轴则定义为从左向右看为逆时针转动。这样定义是因为两齿轮啮合时，转动方向刚好相反。

之后的步骤与例 4-9 类似。需要注意的是，插入弹簧和阻尼器（图 4-47b）之后，下一步为插入齿轮所代表的 TF 元件。其道理与杠杆相同，插入时建议将 TF 所代表的公式标注在图中。最终结果如图 4-47c 所示。

3. 同时具备转动与平动的系统

实际工程中，系统往往是以相对较高的自由度运动的。当平动与转动同时存在时，系统会变得相对复杂。

（1）平面运动的多维问题　可以看到键合图的每一个键中包含两个变量，即势量和流量。对于机械系统来说，流量是速度，速度的积分是位移，因此根据速度量是可以得出一个质点的位置的。但这只是一个坐标方向的速度，也就是说，从几何角度理解，键合图中键，包含的流量是一个一维变量。若系统自由度较高，问题将转变为二维或三维问题，则单个键就会变得不够用。

键合图对这种问题的处理方法是对某一个速度元素进行不同速度方向的分解。例如，如果平动与转动同时存在，则其至少是一个平面问题，平面问题至少涉及三个维度：两个方向的平动和一个方向的转动。因此应将其分解为 X 方向速度、Y 方向速度和转动方向的角速度三个量，如图 4-48 所示。

这样的分解主要在某一个质量块的中心体现。而对于不在质量块中心位置的连接点，其运动学分析则需要通过转化进行。

如图 4-49 中 p 点所示，其 X 方向和 Y 方向的速度，应通过重心点的 X 方向、Y 方向的速度及角速度的转化运算得出，即

$$v_P = v_{CM} + \omega \times r_P \tag{4-15}$$

因此，若转动角度较小时，则可将 P 点到重心 CM 点的速度转化为 X 方向和 Y 方向：

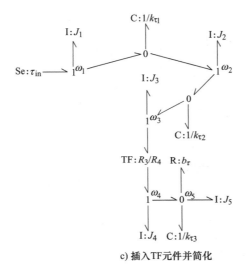

a) 绘制1结并添加源和I元件　　　　　　　　b) 插入弹簧和阻尼器

c) 插入TF元件并简化

图 4-47　例 4-10 的键合图建模过程

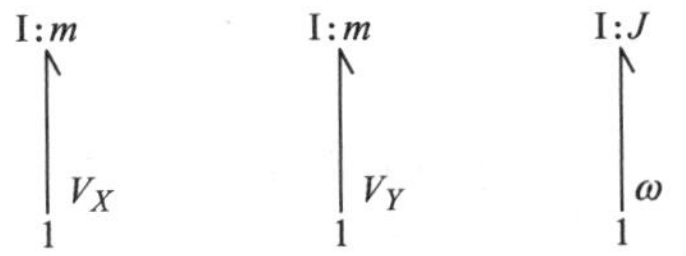

图 4-48　平面运动质心三个自由度的键合图表示

$$\begin{cases} v_{P_X} = v_X + y_P\omega \\ v_{P_Y} = v_Y + x_P\omega \end{cases} \tag{4-16}$$

若转动角度较大时，需要考虑转动角度，有

$$\begin{cases} v_{P_X} = v_X + (r_P\sin\theta)\omega \\ v_{P_Y} = v_Y + (r_P\cos\theta)\omega \end{cases} \tag{4-17}$$

以上这些转化公式表达的是运动学关系。如果能将这些公式应用到键合图中，就可以同时解决动力学和运动学问题。以下通过实例来说明。

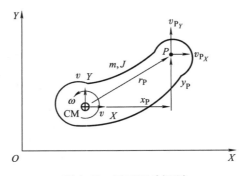

图 4-49　平面运动问题

例 4-11　图 4-50 所示为汽车悬架结构。图中左边和右边分别连接了弹簧质量块，这与实例 7 相同。

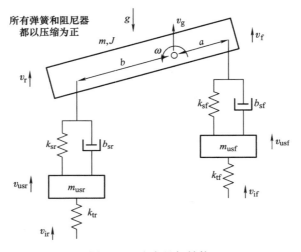

图 4-50　汽车悬架结构

对该系统建模的步骤与实例 9 类似。首先定义正向。由图 4-50 可见，所有正向定义为向上，同时定义压缩为正。

本例中只考虑上下的运动，这是为了让问题相对简单，便于平面问题的分析。

对于车体来说，只需要考虑它上下运动，即 Y 方向的速度，以及转动。所以在建模中，车体被分解成两个速度节点，也就是转动和上下平动。

接下来对两端车轮的弹簧质量系统建模，其建模的过程与实例 7 相同，如图 4-51 和图 4-52 所示，此处不再赘述。

车体自身重力作用的方向为 Y 方向，故在 Y 方向代表的速度节点 v_g 上增加 Se。同时，系统考虑车体转动惯量 J，在转动方向代表的速度节点 ω 上增加 I 元件。

接下来为本节重点，现在需建立四个速度节点的关系，分别是：两端车轮连接的点的速度 v_r 与 v_f，车体重心 Y 方向速度 v_g，以及车体重心转动角速度 ω。

（2）多维速度节点关系的键合图结构　此类关系在建立键合图时的步骤如下：

1）进行运动学分析，列出这些速度之间的关系公式。

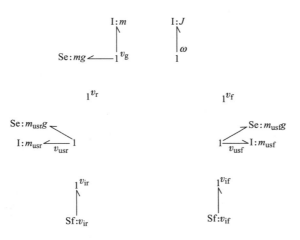

图 4-51　汽车悬架结构的键合图建模：关键速度节点

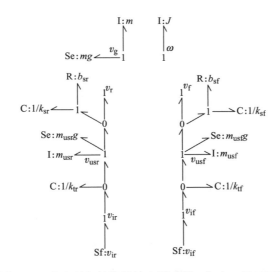

图 4-52　汽车悬架结构的键合图建模：加入一通口元件

2）根据公式建立需要的结型结构。

所谓结型结构指的是利用键合图的 0 结、1 结、TF 元件、GY 元件连接结构来表达势流之间的转换关系公式。

例 4-12　通过例 4-11 不难分析出，速度关系公式为

$$\begin{cases} v_f = v_g + a\omega & \text{(4-18a)} \\ v_r = v_g - b\omega & \text{(4-18b)} \end{cases}$$

在式（4-18）中，四个速度都出现了。可通过式（4-18）求解 v_r 和 v_f。求解的过程中包括加法、减法，以及乘法运算，这个乘法运算体现在对 ω 上。

在绘制键合图时，将 v_g 和 ω 列写在上面，作为重心位置的两个速度维度；v_r 与 v_f 列写在下面，作为外接位置的两个速度，如图 4-53 所示。

式（4-18a）表示的是 v_f、v_g 和 ω 的运算关系。因为是速度的加减运算，而在键合图元

件中，0 结为速度的求和，所以对 v_f、v_g 和 ω 连接一个 0 结，如图 4-54 所示。

图 4-53　1 结的标注　　　　　　　图 4-54　式(4-18a) 的 0 结加入

需要注意，0 结到 ω 不能直接连接，因为公式是有系数的。由于这个系数是通过流量乘以一个系数计算出新的流量，所以可以用 TF 元件插入到 0 到 ω 中的键上表示。设 0 到 TF 的键上的速度为 v_{fg}，有 $v_{fg} = a\omega$。因此图 4-54 所示结型结构转变为图 4-55 所示结构。

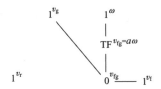

图 4-55　式(4-18a) 的 TF 加入

同理，由式(4-18b) 可以连接 v_r、v_g 和 ω 的 1 结。ω 的 1 结连接 0 时同样需要经过 TF，结果如图 4-56 所示。

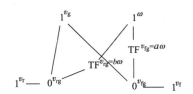

图 4-56　式(4-18b) 的 0 结和 TF 加入

最后一步是增加键的方向。这一步在进行时应格外注意。键的指向应根据速度关系公式中的正负号来判断。例如，式(4-18a) 可转化为

$$v_f - v_g - a\omega = 0 \tag{4-19}$$

也可转化为

$$-v_f + v_g + a\omega = 0 \tag{4-20}$$

由式(4-19) 和式(4-20) 得到的键合图如图 4-57 所示。

式(4-18b) 可转化为

$$v_r - v_g + b\omega = 0 \tag{4-21}$$

也可转化为

$$-v_r + v_g - b\omega = 0 \tag{4-22}$$

由式(4-21) 和式(4-22) 得到的键合图如图 4-58 所示。

因此，键合图的半箭头有 4 种方案，由以上的可能性两两组合而成，如图 4-59 所示。

事实上，这四种可能性都可以应用于建模，任选一种即可。一般选择时主要考虑模型的

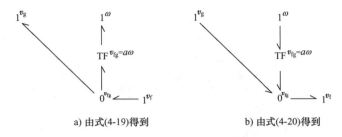

a) 由式(4-19)得到　　　　　　b) 由式(4-20)得到

图 4-57　由式(4-18a) 确定的两种半箭头方向可能性

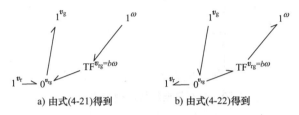

a) 由式(4-21)得到　　　　　　b) 由式(4-22)得到

图 4-58　由式(4-18b) 确定的两种半箭头方向可能性

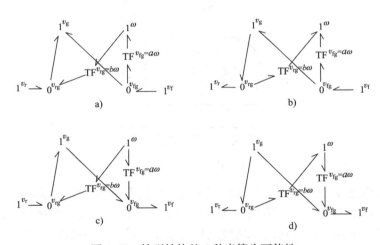

a)　　　　　　　　　　　　　　b)

c)　　　　　　　　　　　　　　d)

图 4-59　结型结构的 4 种半箭头可能性

模块化是否容易实现。本例中，v_r 与 v_f 之前已与模型其他部分连接，键的方向最好继承其他部分已完成的模型。在此基础上选择图 4-59a 所示的方案是最佳的。

在标注完成之后可尝试按键方向重新列写公式来检验是否正确。

必须强调，在这样的结型结构中，键的半箭头指向尤其重要，不可出错。读者需要通过大量的练习方能掌握。

结型结构完成之后，整个键合图建模完成，如图 4-60 所示。

例 4-13　如图 4-61 所示，小车载轮系统中，载轮通过弹簧阻尼器连接车体。同时该轮与车体的上表面为滚动接触。

可以看到，载轮既有平动也有转动，因此同样属于平面运动问题。

对该系统进行建模的步骤如下：

首先标注正向，如图 4-61 所示。

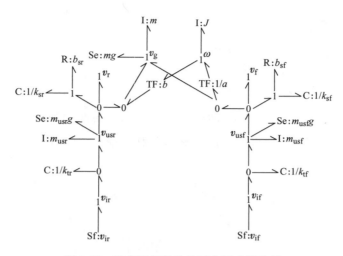

图 4-60   汽车悬架结构的键合图建模结果

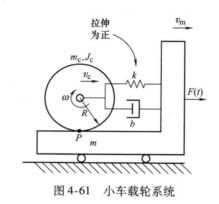

图 4-61   小车载轮系统

然后标注关键速度节点。由于车体仅有平动，因此车体为一个关键速度节点。而轮是有平动和转动的，因此它有一个 X 方向的速度和一个转动的角速度。本例中考虑了车体质量、载轮的质量和转动惯量，因此这三个速度点都连接了 I 元件，如图 4-62 所示。

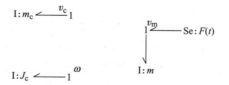

图 4-62   小车载轮系统的键合图建模：关键速度节点

接下来进行弹簧阻尼器连接。由于车体与载轮之间用弹簧阻尼连接，因此加入弹簧阻尼两个元件。这是个功率环结构，因此可进行简化，如图 4-63 所示。

接下来建立结型结构同样需进行运动学分析。假设载轮与车体之间的接触点为 P 点，应满足：

$$v_P = v_c - R\omega \tag{4-23}$$

同时，由于接触为完全滚动接触，则 $v_P = v_m$，因此式（4-23）可替换为

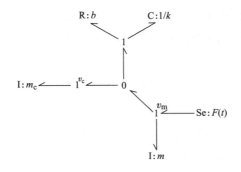

图 4-63 小车载轮系统的键合图建模：加入一通口元件

$$v_m = v_c - R\omega \tag{4-24}$$

这样就得到了 v_m、v_c 和 ω 之间的关系。根据这样的关系，可建立结型结构，如图 4-64 所示。

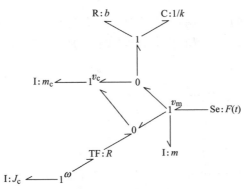

图 4-64 小车载轮系统的键合图建模：建立结型结构

例 4-14 如图 4-65 所示，本实例是滑轮组系统的例子。

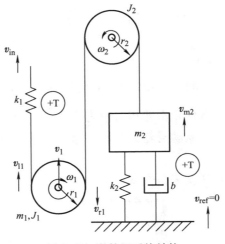

图 4-65 滑轮组系统结构

同样的建模步骤，图中所有速度都标注了正向。由于动滑轮会在转动的同时上下平动，因此这个问题也属于平面运动问题。取几个标注的关键质点作为 1 结，并增加源和 I 元件，如图 4-66 所示。

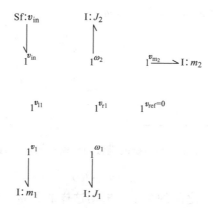

图 4-66　滑轮组系统的键合图建模：关键速度节点

由于动滑轮具备两个维度的运动，因此有平动 1 结 v_1 和转动 1 结 ω_1 两个 1 结。

除了滑轮之外的其他元件的增加和半箭头标注与前文介绍的相同，这里不再赘述。结果如图 4-67 所示。

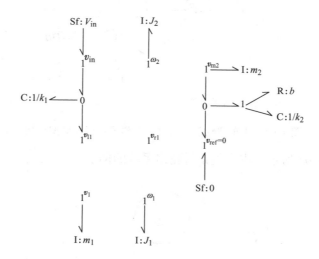

图 4-67　滑轮组系统的键合图建模：加入一通口元件

接下来是滑轮的问题。上部的定滑轮相对较为简单，不难得出，v_{r1} 与 v_{m2} 应为同值，且其通过半径 R_2 变为角速度 ω_2，驱动滑轮的转动惯量。因此可直接连接 v_{r1} 与 v_{m2} 两个 1 结，并任选一个通过 TF 连接 ω_2。

下部的定滑轮则需要进行速度关系列写：

$$\begin{cases} v_{l1} = v_1 + R_1\omega_1 & (4\text{-}25a) \\ v_{r1} = -v_1 + R_1\omega_1 & (4\text{-}25b) \end{cases}$$

通过式（4-25a）可以将 v_{l1}、v_1 和 ω_1 通过 0 结与 TF 进行连接；通过式（4-25b）可以将

v_{r1}、v_1 和 ω_1 通过 0 结与 TF 进行连接，如图 4-68 所示。

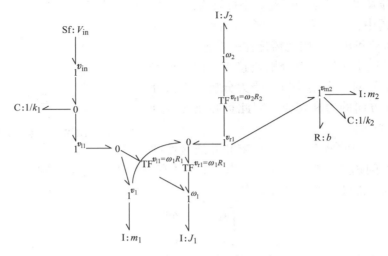

图 4-68　滑轮组系统的键合图建模：建立结型结构

综上所述，可以看到解决平面运动的问题主要需要遵循以下原则：

1）平动和转动需要进行拆解建模。

2）不同轴向平动的转换或平动与转动的转换，需要通过 TF 或 MTF 进行。

3）根据运动学公式，建立 "0 – 1 – MTF" 组合进行连接。

4）运动学公式同时可确定功率走向。

5）运动学公式确定功率走向必须正确。

4. 多刚体动力学模型

上述列举的同时具备转动与平动系统的实例都有一个特点，即刚体或是在较小的角度范围内转动（例 4-11），或是刚体的转动不会影响模型的作用关系（例 4-12 和例 4-13）。但实际问题有许多是刚体在较大范围内转动的情况。

如果一个刚体既有平动又有转动，是否可以找到一种通用的解决方法呢？是否可以建立一个模型，让它可以表达任何一种既有平动又有转动的刚体呢？

要解决这个问题，必须先解决坐标系转换的问题和因转动产生的连接点速度变化问题。

如图 4-69 所示，定义一个刚体的重心点，并以其为原点建立一个坐标系。刚体可与系统的其他元件进行几何意义的连接，因此，刚体具备若干个连接点（后续表述中，用数字代表这些连接点，如 1 点、2 点等）。这些连接点与重心点并非同一个点，与重心点之间存在几何间距。

不难理解，无论刚体如何运动，连接其他元件的这些连接点与其重心的相对位置并没有发生变化。但对于全局坐标来说，在刚

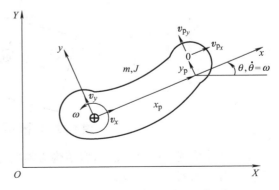

图 4-69　刚体平面运动的坐标系

体的转动量比较明显时，其各个连接点的坐标必然会发生变化。因此，在求解刚体动力学问题时，必然会涉及坐标转换的问题。坐标转换的方法将在后续实例中介绍。

在平面问题中，一个刚体有三个自由度：x 方向运动、y 方向运动和转动。因此需标注三个速度节点：v_x、v_y 和 ω。对三个速度节点分别连接 I 元件。根据理论力学方法，可对一个刚体进行受力分析，将其分解为 x 方向、y 方向的力和转矩。因此重心点的键合图可用图 4-70 表示。

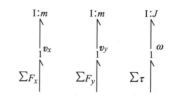

图 4-70　刚体平面运动重心点的键合图

是否将每个方向的所有的力进行求和并连接速度节点就可以呢？问题并没有这么简单。当一个刚体存在转动时，其转动产生的加速度也会影响到 x 和 y 方向。加速度的计算公式为

$$\begin{cases} a_x = \dot{v}_x - \omega v_y \\ a_y = \dot{v}_y - \omega v_x \end{cases} \tag{4-26}$$

因此，合力产生加速度的作用时，加速度的计算公式为

$$\begin{cases} \sum F_x + m\omega v_y = m\dot{v}_x \\ \sum F_y + m\omega v_x = m\dot{v}_y \end{cases} \tag{4-27}$$

就是说，x 和 y 方向上的受力求和还需要加另外一个量进行调整。这个量既与转速相关，又与另外一个坐标方向的速度相关。为了将其表达在键合图中，可在键合图的 x 方向速度和 y 方向速度的两个 1 结中间插入调制回转器 MGY，其系数为 $m\omega$，如图 4-71 所示。

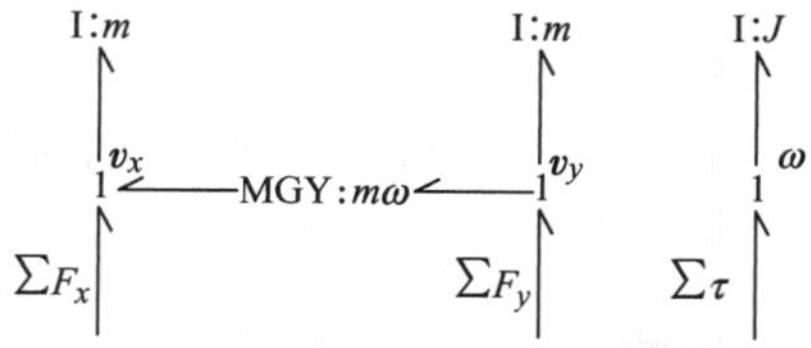

图 4-71　刚体平面运动重心点的键合图模型

例 4-15　如图 4-72 所示，系统中刚体具备质量和转动惯量，并通过两个点连接地面。这两个点分别为 1 点和 2 点。

建立局部坐标系，1 点和 2 点的坐标分别为 (x_1, y_1) 和 (x_2, y_2)。在本实例中，为了简单起见，这两个连接点与地面的连接仅有横向的阻尼和弹簧。

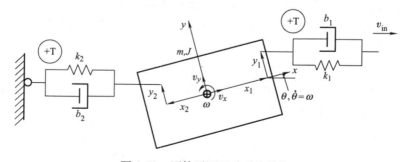

图 4-72　刚体平面运动系统结构

对于这种系统，键合图的结型结构必须要分为三层，这在绘制的键合图关键 1 结的布置上可以看出，如图 4-73 所示。

上层为重心点位置，包括中心的 x 方向、y 方向和转动方向三个速度节点的 1 结，其中

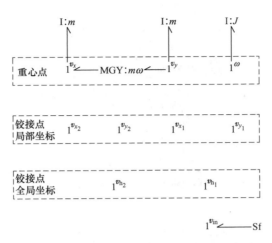

图 4-73　刚体平面运动实例：键合图的分层

MGY 元件连接 x、y 两个方向速度的 1 结。

中层为局部坐标系各个连接点位置的 x 方向、y 方向速度的 1 结。每个连接点都应有两个 1 结。因为有两个铰接点，所以有四个 1 结。

下层为全局坐标系各个连接点的 x 和 y 方向速度。两个铰接点应有四个 1 结，但由于本例只考虑 x 方向，因此只有两个 1 结。

也就是说，中层到上层的转化，结型结构代表了局部坐标系内各连接点到重心点位置的转化；下层到中层的转化，则为各个连接点的全局坐标系至局部坐标系的转化。

先来看局部坐标系内各连接点到重心位置的转化，即中层到上层的转化，局部坐标系内按图 4-74 所示的运动学分析公式进行。

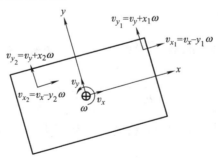

图 4-74　刚体平面运动实例：局部坐标系连接点到重心位置的转化

接下来则是需要将作用点的速度转为全局坐标系，即下层到中层的转换，这需要用到坐标转化公式。本例中只需要求解 x 方向的全局速度，因此转为全局速度的公式为

$$\begin{cases} v_{h_1} = v_{x_1}\cos\theta - v_{y_1}\sin\theta \\ v_{h_2} = v_{x_2}\cos\theta - v_{y_2}\sin\theta \end{cases} \tag{4-28}$$

由式（4-28）得到的键合图如图 4-75 所示。

这样即完成了对一个自由运动刚体的系统建模。

实际问题中，刚体往往需要具备多个铰接点与其他部分连接，且有时是三维问题，这类问题将在第 5 章中进行更加详细的介绍。

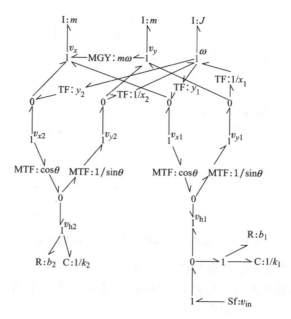

图 4-75　刚体平面运动实例：键合图模型

4.3　液压系统的建模

液压传动大量应用在实际工程中，因此有必要对液压系统的建模方法进行详细说明。同机械系统类似，在做液压动态分析时，应考虑液压系统的惯性、弹性和阻尼损耗。

1. 惯性

液压系统中的动态惯性称作液感，根据牛顿定律，用液体在管道中加速所需的力推导液感公式：

$$PA = Al\rho \frac{1}{A} \frac{dQ}{dt} \tag{4-29}$$

式中，A 为过流面积；l 为管长；ρ 为流体密度；P 为压强；Q 为流量。P 和 Q 就是势和流。

式(4-29) 可转变为

$$P = \frac{\rho l}{A} \frac{dQ}{dt} \tag{4-30}$$

对其积分，则其形式符合惯性元件的特性方程表达，因此在平直的管路中，流动液体液感值的计算公式为

$$I_0 = \frac{\rho l}{A}$$

可以看到，如果管道够长或者够细，液感值就会成为不应忽略的问题。

2. 弹性

对于液压介质来说，液压系统中的弹性主要是指油液的可压缩性。油液的可压缩性可根

据体积模量计算得出。根据流体力学的体积模量公式可得

$$\beta = \frac{1}{V_0} \frac{\mathrm{d}P}{\mathrm{d}V} \tag{4-31}$$

式中，V_0 为流体的体积。

式(4-31) 对时间求导可转化为

$$Q = \frac{Al}{\beta} \frac{\mathrm{d}P}{\mathrm{d}t} \tag{4-32}$$

对其积分，则其形式符合容性元件的特性方程表达，因此在液压管路中，容值的计算公式为

$$C_0 = \frac{Al}{\beta} \tag{4-33}$$

值得注意的是，在液压系统中，液压油中溶解的气体会对液压油的体积模量产生严重影响，在油液中只要混入 1% 的空气，其体积模量就会下降 95%。这使得建模时无法准确确定液压管路的容性特征。同时液压管路材质本身的弹性也会影响其实际容性值。因此，在液压系统动态建模中，通常忽略容性参数，或是依托实验确定。

3. 阻尼损耗

液压系统中的阻尼损耗主要是由管路中的压力损失、泵或工作装置的摩擦，以及内外泄漏造成的。阻尼损耗是较为复杂的问题，需要利用非线性建模方法。

圆管层流状态的液压损失较为简单，根据流体力学原理有

$$Q = \frac{\pi d^4}{128\mu l} \Delta P \tag{4-34}$$

式中，μ 为液体的动力黏度。

可以认为其为阻性元件特性方程，故其参数为

$$R_0 = \frac{128\mu l}{\pi d^4} \tag{4-35}$$

对于较为复杂的损耗过程可以根据流体力学原理写出压力降和流量的关系方程，并将其应用于阻性元件的特性方程中。为了准确描述阻尼损耗的大小，可使用非线性方程，此部分将在第 5 章中做详细介绍。

4. 液压泵

液压泵是将机械能转化为液压能的元件。液压泵是容积式泵，它可以基本准确地将转动角度转化为液体流量，故液压泵在键合图中属于变换器元件。

对液压泵考虑的因素越多，其键合图模型就会越复杂。图 4-76 所示为三种液压泵的键合图模型。液压泵首先具备变换器功能，图 4-76a 所示为理想液压泵，其变换模数为其排量值 D 的倒数。若考虑液压泵的摩擦、内泄漏两项影响其效率的因素，则需要在其机械端和液压端两端分别添加阻性元件，如图 4-76b 所示，其中 R_f 表示摩擦损失，R_L 表示泄漏损失。若将泵转子的惯性和输出油的压缩性作为动态特性来考虑，则其键合图模型如图 4-76c 所示。

液压马达的建模方法与液压泵类似。

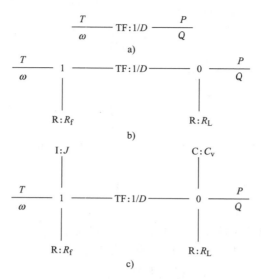

图 4-76　三种液压泵的键合图模型

5. 液压缸

图 4-77 所示液压缸的大、小腔面积分别为 A_1、A_2，两端有油液通入，推动活塞运动。液压缸能够将液压能转化为平动机械能，其输出力大小与其油液压力成正比关系，因此它也是变换器元件。

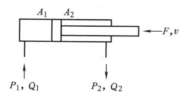

图 4-77　液压缸物理模型

图 4-78 所示为几种液压缸的键合图模型。图 4-78a 为仅考虑一端输入油液的理想液压缸模型，其变换器变换模数为大腔面积 A_1；图 4-78b 为考虑两端输入油液，同时考虑了活塞摩擦产生的影响，R_f 表示其摩擦损失；图 4-78c 则考虑了活塞惯性以及油缸的内泄漏 R_L。

同样的，模型结构复杂程度足够解决实际问题即可，在某些情况下，部分模型参数通常需要用实验确定。

6. 液压阀

图 4-79 所示为四通滑阀原理图。该阀有四个出口，分别为 P、T、A 和 B。在阀位变化时，改变四个节流口的大小就可以使不同的出口联通。例如，将 R_{PA} 与 R_{TB} 设为关闭，R_{PB} 与 R_{TA} 设为最大开度，则 T 口与 A 口联通，P 口与 B 口联通。在键合图中，只需要改变四个阻性元件的参数，就可以实现不同出油口的联通与关闭，实现滑阀的换向机能。

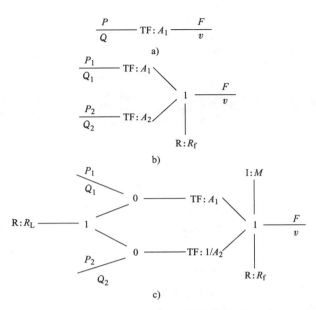

图4-78 几种液压缸的键合图模型

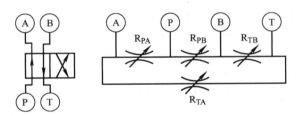

图4-79 四通滑阀原理图

滑阀键合图模型的关键在于在不同的阀位设定其四个阻性元件的阻值，同时可以描述其在换向过程中滑阀滑动产生的滑阀通闭特性细节变化。类似的建模方法也可以用于建立其他形态的滑阀的键合图模型。

第 5 章
键合图系统建模的工程应用扩展

第 4 章已经系统性地介绍了对于一般的机、电、液系统应如何进行建模，且有具体的步骤可以遵循。但在实际工程中，遇到的往往是相当复杂的情况，第 4 章的知识内容可能会难以满足建模需要，因此本章将对系统建模做进一步扩展说明。这些扩展说明虽然不可能覆盖所有的需求，但均为实际中比较常见的情况，主要包括：

1）电动机、发电机、内燃机等机电能转换或动力源的系统建模。

2）多路液压阀等常见液压系统形式的系统建模。

3）液力变矩器和行星轮系变速器两种车辆传动中常见组件的系统建模。

4）机械臂系统（代表三维机械动力学典型结构）的系统建模。

通过学习这些组件的系统建模，可在一定程度上解决一些常见的工程问题，并为读者进一步解决复杂工程问题的建模仿真提供一些指引。

5.1 电动机、发电机和内燃机的建模

电动机主体应当属于回转器，其原理如图 5-1 所示。根据法拉第电磁感应定律及洛伦兹力定律，有

$$e = Blv \tag{5-1}$$

式中，e 为电压；B 为磁感应强度；l 为回转轴长度；v 为速度。

$$F = Bli \tag{5-2}$$

式中，F 为所施加的力；i 为电流。

不难看出，式（5-1）和式（5-2）均表示的是一种势和流的转化关系，同时它们具有相同的系数，这完全符合回转器的特征。

对于直流电机来说，其物理模型与键合图模型的关系如图 5-2 所示。

但是在实际工程中，简单地用一个 GY 元件表达一台电机是不够的，有以下三个原因：

1）GY 元件是理想元件，不存在能量损失，而实际电机有能量损失。另外电机有"人为特性"的理论，可通过一些人为调节和控制改变电机的性能。

2）图 5-1 中的磁感强度 B 和线长 l 不能直接用作 GY 元件的系数 T，因为这是单根电线直线运动的问题。实际电机线圈是大量缠绕的，并且转子做转动运动，GY 元件的系数确定方法尚不明确。

3）实际工程中还有交流电机。

对于第三个问题，若只关心交流电机的外在表现，可根据厂商给出的相关的特性曲线，

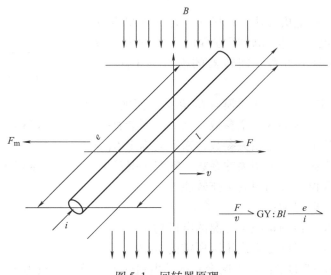

图 5-1　回转器原理

采用工程简化建模方法。若要对交流电机的整个相位变换过程精确描述，则会涉及交流电机的相关建模问题，本书暂不予以说明。

以下先介绍直流电机键合图建模的系数确定方法和能量损失的表达方法，解决第一和第二个问题，然后进行动力源建模。

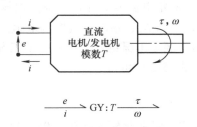

图 5-2　直流电机/发电机的回转器模型

1. GY 系数

在电机与拖动理论中，对电机的计算主要通过以下两个关键方程进行。

（1）电压平衡方程　它用于表述电系统，在不考虑电机内阻的情况下，一般写作：

$$E_a = C_e n \Phi \tag{5-3}$$

式中，E_a 为电机转动时因电磁感应产生的电压，一般称作感应电动势；n 为电机转速；Φ 为磁通量；C_e 为电势常数，其计算公式通常涉及并联导体数、磁极对数等数值，该常数在电机出厂时，已是确定数值，因此可认为是电机的一种固有特性，不会在运行中发生变化。

（2）转矩平衡方程　它用于表述机械力矩，在不考虑摩擦的情况下，一般写作：

$$T = C_T I_a \Phi \tag{5-4}$$

式中，T 为电机转矩；I_a 为电路电流；Φ 为磁通量；C_T 为转矩常数，是电机的固有特性。

通过对公式的观察不难看出，电压方程表达的是电压 E_a 与转速 n 的关系，其系数为 $C_e \Phi$；转矩方程表达的是转矩 T 与电流 I_a 的关系，其系数为 $C_T \Phi$。

事实上，工程习惯中虽然对两个方程分别有转矩常数和电势常数两个固有特性常数，但这两者本质是同一个常数。产生两个常数的原因则是在电势方程中的转速工程习惯使用 r/min 为单位，而电流、电压和转矩均使用国际单位制单位，从而使得常数产生了差异。因此，可将电压方程替换为

$$E_{a} = C_{T}\Phi\omega \tag{5-5}$$

式中，ω 为国际单位制电机转速（rad/s）；C_{T} 为电机常数。

这样不难看出电压方程和转矩方程的系数均为 $C_{T}\Phi$。
这正好是回转器的两个方程，回转器的模数为 $C_{T}\Phi$，如
图 5-3 所示。

————GY: $C_{T}\Phi$————

图 5-3　电机建模的回转器模数

那么对于具体的电机，回转器模数 $C_{T}\Phi$ 又如何确定呢？
理论上，电机厂商可以提供这两个参数，但一般不会直接提供在产品样本中。实际工程中也
可以通过厂商提供的电机性能相关参数，来反向确定 $C_{T}\Phi$。

电机至少会提供额定工况相关的参数，额定工况是电机制造商希望用户采用的工况，在
这个工况下可以实现设计者期望的工作效能。

额定工况参数一般包括：

1）额定功率 P_{N}，指的是额定工况的电机功率。

2）额定电压 U_{N}，指的是额定工况所需的电源电压。

3）额定转速 n，指的是额定工况会获得的电机转速，单位一般为 r/min。

4）额定电流 I_{N}，指的是额定电压下工作时的电流。

5）内阻 R_{a}，指的是线圈的电阻。

由于额定工况也是电机的一个工况，因此可以据此计算电机的固有特性。

由式（5-5）可得

$$C_{T}\Phi = \frac{E_{a}}{\omega} \tag{5-6}$$

注意，需要将转速转化为以 rad/s 为单位再进行计算。

若考虑电机内阻，则在计算回转器模数时，需要在电动势上减去内阻的影响，则

$$C_{T}\Phi = \frac{E_{a} - I_{N}R_{a}}{\omega} \tag{5-7}$$

例 5-1　某直流电机铭牌显示，其额定功率 $P_{N} = 17\text{kW}$，额定电压 $U_{N} = 220\text{V}$，额定转速
$n = 1000\text{r/min}$，额定电流 $I_{N} = 92\text{A}$，电阻 $R_{a} = 0.2\Omega$，电刷压降为 $2U_{b} = 2\text{V}$，计算对其进行
键合图建模后的回转器模数。

解： 本问题可直接利用公式。这里多了电刷压降，需要在电压方程中扣除，即

$$C_{T}\Phi = \frac{U_{N} - I_{N}R_{a} - 2U_{b}}{\omega} \tag{5-8}$$

$$\omega = \frac{2\pi}{60}n = 104.72\text{rad/s}$$

$$C_{T}\Phi = \frac{220 - 92 \times 0.2 - 2}{104.72} = 1.906$$

回转器的系数得以确定。

需要说明的是，该系数是 C_{T} 和 Φ 两个参数相乘得出的，对于一般电机来说可不必在意
两个参数分别是多少，但对于磁通量可调节的电机，则可以作为调制型回转器（MGY）进
行建模。

2. 能量损失

键合图建模的回转器部分（机电转化）是理想转化的，要实现能量损失的表达，需通过进一步的能量损失原因分析，以及在键合图中适合的位置增加 R 元件来实现。

电机的能量损失主要包括电损失和机械损失两部分。电损失是由其线圈电阻的发热造成的，而机械损失是由转动摩擦发热造成的。因此，对 GY 的两端增加 R 元件，就可以表达能量损失，如图 5-4 所示。

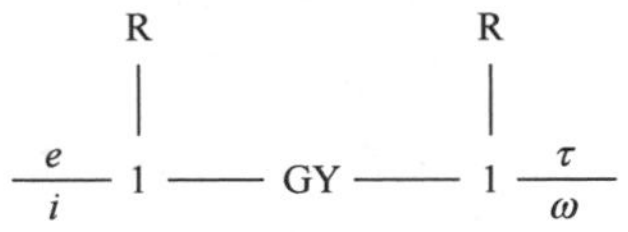

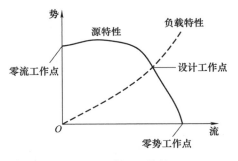

图 5-4　电机的能量损失表述

左侧的 R 表示内阻 R_a，右侧的 R 表示摩擦。

内阻一般是厂商可以直接提供的，而且可以很方便地测得，不需要做更多计算。摩擦则相对难以获得，电机的摩擦系数和其他转动机械元件的摩擦系数类似，可通过效率公式反向确定。

3. 动力源的工程简化建模方法

在电机专业中一般称电机特性为机械特性，这是因为电机通常被划归为电学，用机械二字就能较好地表述其含义。

"特性"一词的含义在于"性能表现"，也就是工作能力怎么样，具体体现为在各种负载转矩下，能产生多大的转速。这样的特性也不是电机专有的，是所有的动力源都具有的特性，并且这个特性是系统建模分析中十分重要的依据。例如，内燃机也有在各个负载转矩下有多大转速输出的特性。

进一步讲，由于转矩和转速分别对应势和流，特性的含义也可以广义理解为在各个负载势下有多大的流输出。这样一来，电、液系统的能量源同样有类似的特性，例如电源的特性可以是在各个电压负载下会有多大电流输出，液压泵的特性可以是在各个压强负载下有多大流量输出等。因此，可以将这类特性称为广义源特性，如图 5-5 所示。

需要说明的是，源特性图通常为一个封闭曲线形成的一个封闭区域。这是因为源应该具有两个关键工作点，分别是零流工作点和零势工作点。不同的工作点在不同能域的含义也不同，见表 5-1。

图 5-5　广义源特性

表 5-1　零流工作点和零势工作点在不同能域的含义

	转动机械源 （马达、发动机等）	液压源 （泵）	电源 （电源）
零流工作点 流为零时源的输出表现	"抱死"不转	出油管堵死	断路
零势工作点 势为零时源的输出表现	无载空转	出油管直通油箱	短路

由于零流工作点和零势工作点通常为正值，因此源特性图一般都会形成一个"封闭"的区域。

而我们已经知道，阻性元件通常是通过原点的斜向直线（线性）或是曲线（非线性）。阻性元件在工程中一般称为负载特性。这两条线形成交叉，可以表达出该系统在静态时源的工作位置（如柴油机会工作在哪个转速和转矩下）。这样通过绘图的方式解决问题也是工程师的一大偏好，可以在大量的工程专业材料中发现这样的操作。

因此工程中，系统建模对于源的处理，关键在于是否有特性数据。

在实际工程中，由于源特性数据极其重要，因此几乎所有的学科领域都会对动力源的特性进行深入研究，或是形成理论公式，或是形成出厂标准，源特性数据均有据可依。源特性数据的获得方法有以下两种：

（1）公式法　公式法是用势与流的关系公式对源特性进行表达的。

该关系公式可以表达不同势下流的数值，这样的研究结果可以直接用于源的系统建模中。例如，直流电动机的势流关系式为

$$U = E_a + I_a R_a \tag{5-9}$$

式中，R_a 为电动机内阻；E_a 为感应电动势。

进一步可以得出转速与转矩的关系式：

$$n = \frac{U}{C_e \Phi} - \frac{R_a}{C_e C_T \Phi^2} T \tag{5-10}$$

可以看到式（5-10）是势与流的关系公式。将其绘制成曲线图，如图 5-6 所示。

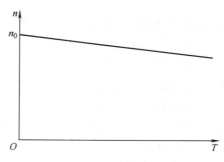

图 5-6　直流电动机的特性曲线

此类方法在许多专业类文献中都可以看到，只是多数文献并未从功率流的源特性角度考虑问题。

（2）图表法　也有一些源特性较为复杂，难以通过公式的方式进行表述。此类源一般采用图表法进行表达，即提供特性数据表。

以内燃机为例。内燃机的动力输出涉及复杂的燃烧过程，因此一般的公式法实现十分困难。厂商会提供外特性数据供应用工程师匹配使用。图 5-7 所示为一个典型发动机（康明斯）的外特性数据样本。

此类数据是内燃机厂商进行柴油机出厂试验得到的，测定其在不同负载下的转速，形成一张表格提供给客户参考。

对于此类源可以借用数值分析中的插值方法建立源模型。建议采用最简单直接的分段线

Cummins Inc	**6BTA5.9-C**
Engine Data Sheet & Performance Curve	**FR90650**
Industrial Market	CPL 2678

Engine Configuration: D403042CX02	Compression ratio: 17.3:1	Revision:
Fuel System: Zexel	Rating: 150 hp (112 kW) @ 1,950 RPM	25-Oct-2001
Emission Certification: U.S. EPA Tier 1, CARB Tier 1, NRMM (Europe) Stage II, JMOC (Japan) Tier 2, Pending EPA/CARB Tier 2		

All data is based on the engine operating with fuel system, water pump, and 9.84 in H2O (250 mm H2O) inlet air restriction with inner diameter, and with 2 in Hg (50 mm Hg) exhaust restriction with inner diameter, not included are alternator, fan, optional equipment and driven components. Coolant flows and heat rejection data based on coolants as 50% ethylene glycol/50% water. All data is subject to change without notice.

Rating Type:　Intermittent

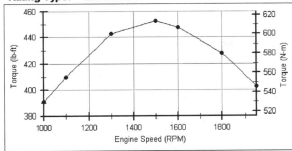

Torque

RPM	lb-ft	N-m
1,000	391	530
1,100	410	556
1,300	443	600
1,500	453	614
1,600	448	607
1,800	428	580
1,950	403	546

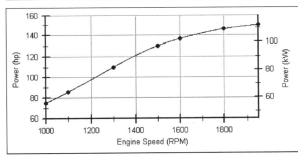

Power Output

RPM	hp	kW
1,000	75	56
1,100	86	64
1,300	110	82
1,500	130	97
1,600	137	102
1,800	146	109
1,950	150	112

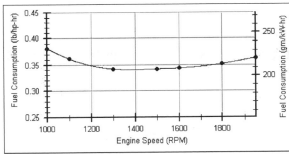

Fuel Consumption

RPM	lb/hp-hr	gm/kW-hr
1,000	0.381	232
1,100	0.362	220
1,300	0.342	208
1,500	0.342	208
1,600	0.344	209
1,800	0.352	214
1,950	0.363	221

Curves shown above represent gross engine performance capabilities obtained and corrected in accordance with SAE J1995 conditions of 29.61 in. Hg(100 kPa) barometric pressure [300ft.(91m) altitude] 77F (25 C) inlet air temperature, and 0.30 in Hg (1kPa) water vapor pressure with No.2 diesel fuel. This engine may be operated up to 7,546 ft (2,300 m) maximum altitude. Consult Cummins customer engineering for operation above this altitude.

Bold entries revised after 15-Feb-2002
Cummins Confidential

图 5-7　一个典型发动机的外特性数据样本

性插值方法。许多仿真软件中也提供了直接的模块，无需研究者自行建立插值函数。

　　需要说明的是，内燃机有调速特性，防止出现"飞车"，因此其实际外特性曲线如图 5-8

所示。

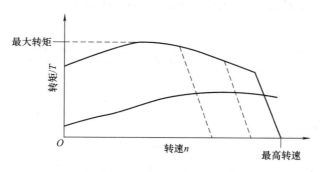

图 5-8　发动机的外特性曲线

根据外特性曲线确定势源的建模，如图 5-9 所示，该系统可用于仿真模型。

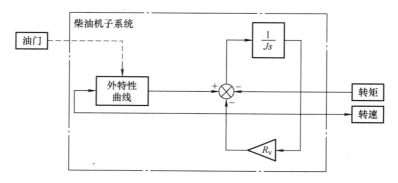

图 5-9　外特性曲线的工程简化建模

4. 电机的人为特性

电机的人为特性有多种处理方式，以下仅介绍键合图的处理方式。

（1）串联电阻　串联电阻可在电端 1 结增加一个 R 元件表示，如图 5-10 所示，可实现串联电阻产生的特性曲线变化。

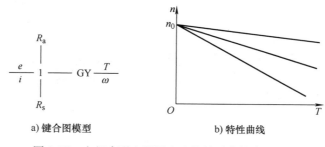

a) 键合图模型　　　　　　　b) 特性曲线

图 5-10　电机串联电阻的人为特性对应键合图模型

（2）降低电压　降低电压相当于改变电端输入电压值，可通过设定调整型势源实现，如图 5-11 所示。

（3）降低磁通　降低磁通即为改变回转器的模数，因此可通过设定为调制回转器 MGY

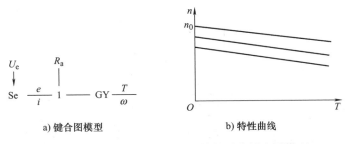

a) 键合图模型　　　　　　　　b) 特性曲线

图 5-11　电机降低电压的人为特性对应键合图模型

实现，如图 5-12 所示。

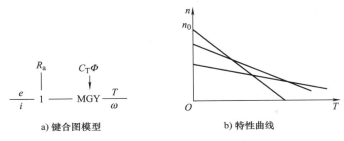

a) 键合图模型　　　　　　　　b) 特性曲线

图 5-12　电机降低磁通的人为特性对应键合图模型

5.2　多路液压阀的建模

　　液压系统可以认为包括：动力源、执行器和传输三个部分。传输一般称为油路，因为液压系统一般采用液压油作为流体介质。传输中为了实现传输动力的分流、合流及变向，工程师们设计了各种阀门来控制流动的方向和流量等，液压阀就因此而生。

　　由于液压系统类机械一般需要较大的功率和较为复杂的自由度，这种机械可以称为多执行器机械。例如挖掘机就是一种人们熟悉的典型多执行器机械。为了让油路能流往机械臂的各个部分，液压阀往往有相当复杂的设计，这种液压阀一般称为多路液压滑阀（以下简称滑阀）。

　　滑阀是换向式液压阀最常见的形式，一般有位和通的概念。位和通直观地反映了滑阀结构的复杂性，不难想象，位、通越多的阀，结构就越复杂。

1. 建模与分析

　　建模的目的是分析，动态分析可以了解系统在各种动态工况的表现。因此拿到一个复杂的液压回路图，应该做的第一件事并不是开始建模，而是先分析它的功能。

　　对系统的分析应该从功能开始，也就是了解系统。以液压挖掘机为例。首先应了解系统有哪些执行器要驱动，例如动臂、斗杆、铲斗、回转、行走等机构。系统对每个部分应有独立的系统驱动。

　　然后，应分析各个部分之间的连接关系。常见的三种连接关系如图 5-13 所示。

　　并联连接是最常见的，因为大多数液压系统是需要实现多个执行器可以同时运动，也可

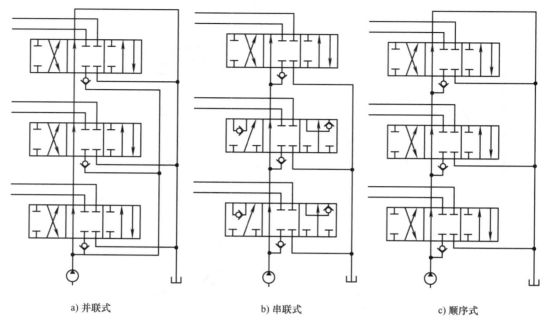

a) 并联式	b) 串联式	c) 顺序式

图 5-13 常见的三种连接关系

以独立运动的。同时，并联系统会涉及一个十分重要的问题，即流量分配。这个问题后续章节会做进一步介绍。

滑阀之间的连接可通过建立 0 结进行，因此液压系统建模的难点主要集中在滑阀上。与其他管路相比，滑阀是相对抽象的元件，滑阀的建模应从滑阀本身的结构出发。以三位四通阀为例，常见的三位四通阀结构如图 5-14 所示。

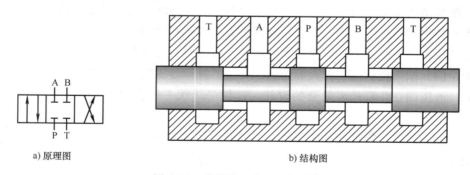

a) 原理图   b) 结构图

图 5-14 常见的三位四通阀结构

为了方便制造，滑阀阀芯一般是通过车床加工成轴形的零件，而阀体一般采用铸造件。为了能让一根阀芯实现滑动开关多个通路的功能，设计师会在阀芯上设计轴肩，这样就能实现多通的开闭功能，如图 5-14b 所示位置为中位。若将阀芯推向左位或右位，就会分别联通对应的接口，实现滑阀的换向功能。

换句话说，每一个通路，实际上就是一个可开闭节流口，相当于一个水龙头，不同的是它通过轴肩来实现。

因此，如果不采用滑阀类的原理图，而是采用可开闭节流口组合形成该原理图，就应该是图 5-15 所示的形式。这种形式的图称为节流阀拓扑结构图。

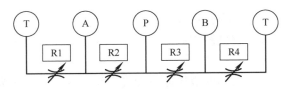

图 5-15 典型液压三位四通阀的节流阀拓扑结构图

本章的主要目的是给出合理的液压滑阀建模步骤，在整个建模过程中，会大量涉及图形的转化。为更加清晰地说明问题，这里首先给出几种图形名称的定义。

1）液压原理图：指的是传统液压工程中的原理图形式的图形，例如三位四通阀图形，如图 5-16a 所示。

2）节流阀拓扑结构图：指的是根据液压原理图的多位通路形式，得出的以可开闭节流口为单元的原理图，如图 5-16b 所示。

3）可开闭节流口和阀芯位移开度曲线：可开闭节流口是节流阀拓扑结构图的最小单元。每个可开闭节流口都有对应的阀芯位移开度曲线。

4）滑阀形态的节流阀拓扑结构图：指的是适合于滑阀设计的、所有可开闭节流口排列为同一直线的节流阀拓扑结构图，如图 5-16c 所示。

5）阀芯结构图：可直观表现阀体和阀芯的主体几何形态，包括各个通路的位置和阀芯轴肩位置等，如图 5-16d 所示。

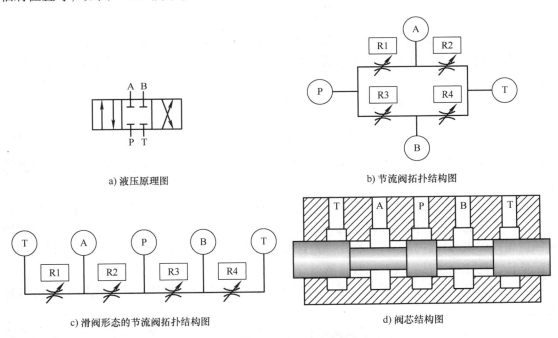

a) 液压原理图

b) 节流阀拓扑结构图

c) 滑阀形态的节流阀拓扑结构图

d) 阀芯结构图

图 5-16 液压滑阀的图形名称定义

2. 可开闭节流口

可开闭节流口实际上是阀的基本元件。多通阀的本质是其中包含多个可调节节流口，并通过不同的开闭组合实现其不同位的功能。

因此，液压阀建模的核心是得到可开闭式节流口的原理图。一个最直接的方法是获得液压阀内部的解剖图，通过分析解剖图中阀芯在各个工位上各个口的通闭，了解这些可开闭式节流口的规则和位置。

这种可开闭式节流口组合表达的液压原理图在系统建模中十分重要。以下称其为节流口拓扑结构图。

对于每一个可开闭节流口，建模过程都需要解决以下两个问题：

1）压力与流量的关系问题。

2）开闭过程的控制问题，也就是如何通过外部信号控制阀的开闭过程。

为了解决这两个问题，这里从最简单的开关阀单元入手。最简单的阀可以认为是两位两通阀，如图 5-17 所示。这种阀实际上只能实现开关控制，如控制开度还能实现流量控制。最常见的家用水龙头也是一种两位两通阀。

a) 水龙头   b) 两位两通阀

图 5-17 两位两通阀

关于压力与流量的关系问题，不难理解，此类阀在键合图建模时，可用简单的 1 结接 R 元件的方式表示，这在第 4 章中已经进行阐述，压力与流量的关系其实就是 R 元件的运算方法。

在工程流体力学中，此类流动属于孔口出流，孔口出流的计算公式为

$$Q = C_{d}A \sqrt{\frac{2\Delta P}{\rho}} \tag{5-11}$$

式中，Q 为出流的流量；ΔP 为两端的压差；ρ 为流体密度；A 为过流面积；C_{d} 为流量系数。

孔口出流公式在处理液压滑阀问题时较难直接应用，虽然工程流体力学中有大量的实验研究流量系数在各种不同情况的数值，但实际中为了改善产品的控制性能，往往会在滑阀轴肩部位加开许多形状各异的槽，这让理论计算变得十分困难且不精确。因此，液压滑阀的压力流量特性往往是通过实验测试获得的。

但是，孔口出流公式依然揭示了一些规律。对于液压滑阀来说，孔口出流公式可以理解为：

1）液压滑阀开启时，液压滑阀两端存在压差就会造成流体流动。压差是产生流量的原因，流量是压力存在差值的结果。

2）从量化角度说，可近似认为压差与流量的二次方成正比，或是流量与压差的开方成正比。

因此孔口出流公式可写为

$$Q = K_{m} \sqrt{\Delta P} \tag{5-12}$$

也就是流量与压差的开方成正比。系数 K_m 则应当通过阀位在某个确定位置时，测定若干流量与压差的关系，计算得出。

开闭过程的控制本质上会影响到系数 K_m。因此，这里引入一个新的函数曲线定义：阀芯位移开度曲线。

3. 阀芯位移开度曲线

液压原理图表示的是一种离散形式的工位切换，只能表达阀处于左、中、右位时哪些通路会联通，不能表达不同工位之间的转化过程。而实际需求往往会涉及这些过程，最典型的就是大量应用的比例控制阀，通过精确控制阀芯的位移，改变流体开口的大小，实现压力或流量的精确控制。这个过程一般是介于两个工位之间的，而阀芯位移和开口大小之间的关系会直接影响这个开闭过程。

以两位两通阀为例，一种典型的滑阀形式如图 5-18 所示。

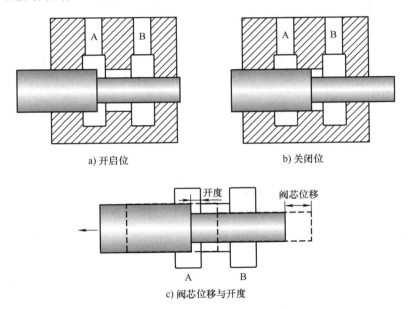

a) 开启位　　　　　　　　　b) 关闭位

c) 阀芯位移与开度

图 5-18　两位两通阀的阀芯结构

阀芯位移是滑阀的位移量，一般在某个具体的位移量值时，可认为其处于一个标准工位，如左位、右位、中位。

不难理解，阀芯位移会影响开口的大小，进一步影响压力流量关系，也就是与式（5-10）相关。在某个极限位置时，如图 5-18 中的左位，可认为其处于开度最大值，此时压力流量关系满足本公式。

若阀芯开口已经出现，但未移动到极限位置（左位），则开口会比极限位置（左位）更小，也就意味着在同样的压力下，流量会更小，因此系数 K_m 会更小。

为了能够表达这个过渡过程的系数 K_m，这里再引入一个新的系数 K_d，将式（5-12）改写为

$$Q = K_d K_m \sqrt{\Delta P} \tag{5-13}$$

式中，K_d 为开度，是处于 0 到 1 之间的数值。

滑阀处于某个位置时，其通路中允许液流通过的开口大小，称为开度。根据这个定义，开度是一个表示"大小"的量，是 0 到 1 之间的数值，0 代表关闭，没有任何流通；1 代表全开，可产生最大流通。

液压原理图提供的信息实际上就是阀在几个工位时，其各个通口的开度是 0 还是 1 的开关量信息。而对其更加细致的过渡量表达，则需要了解各个工位间的开度变化过程，是从离散量到连续量的细化。

例如图 5-18 中的两位两通阀，其原理图提供的信息见表 5-2。

表 5-2　两位两通阀的位移开度表

位移 d	左	右
开度 K_d	1	0

而要将其变为连续量，相当于需要建立一个阀芯位移-开度函数：

$$K_d = f(d) \tag{5-14}$$

假如是一次线性关系，则两位两通阀的阀芯位移开度曲线如图 5-19 所示。

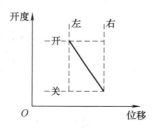

图 5-19　两位两通阀的阀芯位移开度曲线

图 5-14 所示的典型三位四通阀，其通路 P-A 的液压原理图提供的信息见表 5-3。

表 5-3　三位四通阀的 P-A 口位移开度表

位移 d	左	中	右
开度 K_d	1	0	0

若将其连续化，假如是一次线性，则三位四通阀 P-A 口的阀芯位移开度曲线如图 5-20 所示。

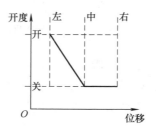

图 5-20　三位四通阀 P-A 口的阀芯位移开度曲线

当然，实际中往往该曲线形态更加复杂，曲线形态可以通过试验台测试获得。

不难想象，这个曲线在对滑阀的电控问题研究中十分重要。因此液压系统的建模中，对于每一个可开闭节流口，阀芯位移开度曲线也是必需的。

例如，对两位两通阀的系统建模，可将其转化为一个"可开闭节流口"，并附加该口的阀芯位移开度曲线，如图 5-21 所示。

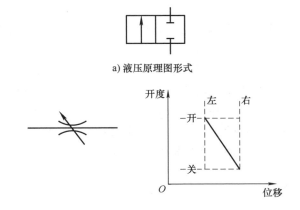

a) 液压原理图形式

b) 可开闭节流口和阀芯位移开度曲线形式

图 5-21 滑阀建模——从原理图到节流阀图形式

至此得到了可开闭式节流口的建模方法。后续章节将会展示，无论多么复杂的滑阀，都可以通过这种可调节式节流口的组合实现。

液压系统最常见的是三位四通阀，一般有左、中、右三个位置。还有更多复杂的六通阀、八通阀等，工程中很容易遇到回路极其复杂的产品，而此类液压系统应该如何建模？在实际工程中，由于种种因素的限制，也许研究人员无法获得阀体解剖图。如果只有液压原理图是否也能进行系统建模呢？答案是可以。以下给出的就是解决此类问题的方法。

4. 由液压原理图得出节流阀拓扑结构图

只有液压原理图进行系统建模的关键是由液压原理图得出节流阀拓扑结构图，转化过程如下：

步骤 1，确定接口数量，编号并绘图。

步骤 2，根据各工位的联通情况，确定可调节节流口的位置。

步骤 3，建立键合图模型，每个接口对应为 0 结，每个节流口对应为 1 结加阻性元件。

步骤 4，根据每个工位的节流口开闭情况来绘制阀芯位移开度曲线。

步骤 5，标注单向关系。

例 5-1 以较为复杂的串联式液压滑阀为例，其原理图如图 5-22 所示。

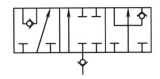

图 5-22 串联式液压滑阀原理图

步骤 1，确定接口数量，编号绘图。可以看到这是一个六通阀，因此应当有六个接口。可将其编号为①至⑥，如图 5-23a 所示。

步骤 2，根据各工位的联通情况，确定可开闭节流口的位置。无论是几位的阀，只要其中有一个位置存在两个接口的联通情况，就意味着在阀体结构中必然存在这两个接口之间的通路。阀芯只是负责在某些位置将该通路堵死。因此，每个可能的联通，都必然是一个可以接通和关闭的节流口。

这一步需要确定所有的节流口并标注。这里标注时用 R 代替，这是由于在键合图模型中其为阻性元件。

首先观察中位，①和④口联通，因此连接①和④口并标注 R1，如图 5-23b 所示。然后观察右位，①和③口联通，②和⑤口联通，分别连接并标注 R2、R3，如图 5-23c 所示。注意关于单向阀的问题会在后续内容中介绍，这里暂时不考虑。最后观察左位，①和②口联通，③和⑤口联通，分别连接并标注 R4、R5，如图 5-23d 所示。

可以看到这个阀的⑥口其实是没有连接的，实际上是五通阀。

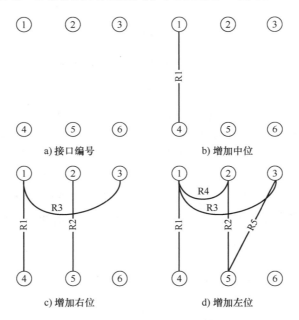

图 5-23 节流阀拓扑结构图的建立过程

步骤 3，建立键合图模型，每个接口对应为 0 结，每个节流口对应为 1 结加阻性元件，如图 5-24 所示。

步骤 4，根据每个工位的节流口开闭情况，绘制所有节流口的阀芯位移开度曲线。分别观察各节流口：

R1 口：中位打开，左、右位为关闭，因此其阀芯位移开度曲线如图 5-25a 所示。

R2、R3 口：右位打开，左、中位关闭，因此其阀芯位移开度曲线如图 5-25b、c 所示。

R4、R5 口：左位打开，右、中位关闭，因此其阀芯位移开度曲线如图 5-25d、e 所示。

步骤 5，标注单向关系。单向阀在系统建模中可以用一个非线性阻性元件表示。但在滑阀中，往往有如本例中的滑阀内置单向阀的形式，这让许多人不知如何下手。实际上，单向

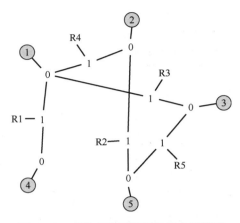

图 5-24　串联式液压滑阀的键合图模型

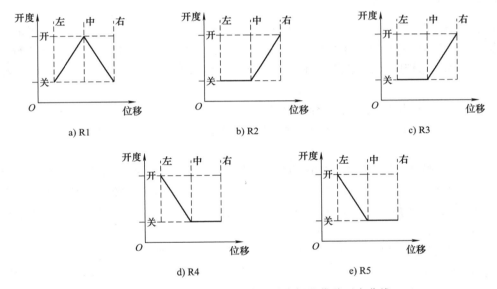

图 5-25　串联式液压滑阀模型对应阀芯位移开度曲线

阀有一个较简单有效的表达方式。滑阀中的单向阀是为了保证在实际工作中，液体是单向流动的。而在公式中，对于流量和压差的正负表达，采用的是根据压差的方向，确定流量的正负的方法。

假如①-②口为单向，P_1、P_2分别为两个接口的压强，则

$$Q = K \sqrt{|\Delta P|} \tag{5-15}$$

其中，$\Delta P = P_1 - P_2$，系数 K 则按如下规则确定：

$$\begin{cases} K = K_d K_m & (P_1 > P_2) \\ K = 0 & (P_1 \leqslant P_2) \end{cases}$$

可以看到，如果在计算阻性元件时采用这样的公式，就会产生单向阀的效果。

因此，对于阀口通过单向阀接通外界油路的情况，实际上可以将该单向阀整合入滑阀模型，从而简化模型的复杂程度。对于本例来说，⑤口连接的单向阀，可以整合到 R2 和 R5

当中。

因此，本例的单向阀标注内容见表5-4。

表5-4　串联式液压滑阀的单向关系表

节流口	单向
R1	无
R2	⑤－②
R3	③－①
R4	②－①
R5	⑤－③

至此，在仅有原理图的条件下，实现了多位多通滑阀的系统建模。

5. 进一步设计滑阀

虽然已经实现了系统建模的目的，但这个方法还有进一步的应用，就是可以用来设计滑阀。事实上，与滑阀设计相关的研究在国内十分匮乏，因此这一步是具有工程意义的。

在液压滑阀原理图设计完成之后，如何根据它得出滑阀的结构设计呢？同样需要两个步骤：

步骤1，节流阀拓扑结构图的滑阀形态。

步骤2，由滑阀形态节流阀拓扑结构图得到阀芯结构图，也就是设计出阀的主体几何形状。

首先说明步骤1。键合图形式的模型其实是一个节流阀形式的原理图，称其为节流阀拓扑结构图。但是并不能直接根据这个图进行滑阀设计，还需要将其转换为滑阀形态的节流口拓扑结构图。这个转换包括：将键图拉直，交叉部分进行跨位连接，再根据单向关系加装单向阀。

键图拉直指的是在节流阀拓扑图中将所有节流口用直线排布，如图5-26所示。

对键图进行拉直是因为实际滑阀的阀芯只能单维度滑动，所有阀口一定是直线排列的。如果拓扑结构存在交叉，就会出现接口重复的情况，如本例中的①口出现了两次。这样的结构可以通过在阀芯外增加通路实现，如图5-27a所示。最终实现时，可以直接铸造，或铸造后在阀体中进行机加工，也可以在阀外增加额外阀块，或通过管路连接。

单向关系是液压原理图中的设计需求，而在阀中要实现单向关系，一般是通过增加插装阀实现的。因为阀芯本身是运动件，单向关系不可能在阀芯的通路中（图中的横向通路）实现，但在各个外接接口位置（图中的纵向通路）则容易得多。

对于R2的⑤－②单向关系和R5的⑤－③单向关系，在⑤口增加单向阀即可。这实际上是液压原理图中外接的单向阀，如图5-27b所示。

对于R4的②－①单向关系，在②口加装单向阀是不行的，因为会阻碍R2的通路，因此需要在①口对应旁路加装单向阀，如图5-27c所示。

对于R3的③－①单向关系则比较麻烦。如果直接在①口加单向阀，会造成R1产生单向效应，而设计中不存在这个单向要求；如果在③口加装单向阀，会造成R5的通路阻塞。这种情况的解决方法是将③口或①口分解为两个独立接口，在需要的一端增加单向阀。这里

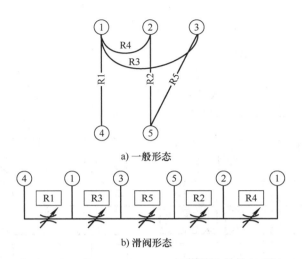

a) 一般形态

b) 滑阀形态

图 5-26 串联式液压滑阀的滑阀形态节流阀拓扑结构图

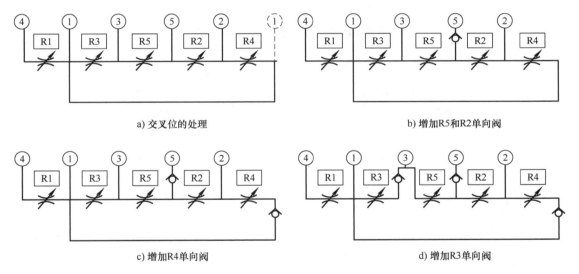

a) 交叉位的处理

b) 增加R5和R2单向阀

c) 增加R4单向阀

d) 增加R3单向阀

图 5-27 滑阀形态节流阀拓扑结构图的单向阀加装

给出将③口分解的方案，如图 5-27d 所示。

至此单向阀添加完毕，得出可用于滑阀结构设计的节流阀拓扑结构图。

步骤 2，由滑阀形态节流阀拓扑结构图得到阀芯结构图。这需要通过节流口拓扑结构图和阀芯位移开度曲线联合确定。

1）左位和右位开闭相同，而中位开闭不同的节流口。

对于左、中、右位为 0-1-0 的情况（本例中的 R1），阀芯结构如图 5-28a 所示，可通过增加两个轴肩实现。

对于左、中、右位为 1-0-1 的情况，阀芯结构如图 5-28b 所示，可通过一个轴肩实现。

2）左位和右位开闭不同的节流口。

左位和右位开闭不同的节流口，可以将相邻的节流口分组进行设计。这分两种情况，如图 5-29 所示。

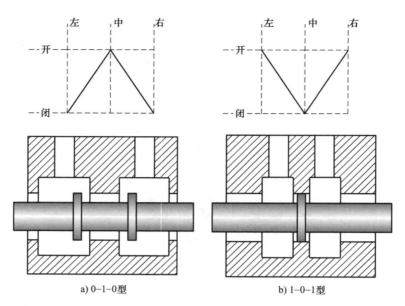

a) 0-1-0型   b) 1-0-1型

图 5-28　两种中位特定的阀芯结构图

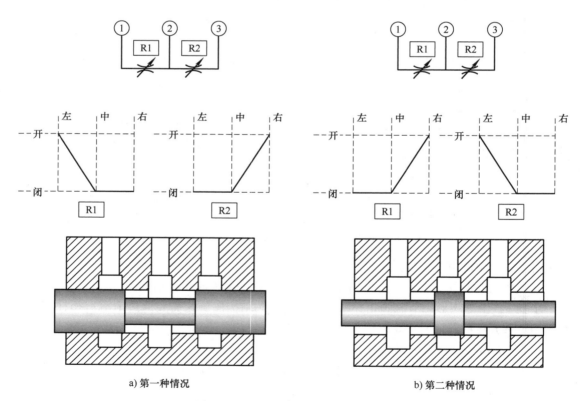

a) 第一种情况   b) 第二种情况

图 5-29　两种换向形式的阀芯结构图

例 5-1 可以根据这些实现对该阀体的设计，如图 5-30 所示。
加装单向阀并连接必要的通路，如图 5-31 所示。

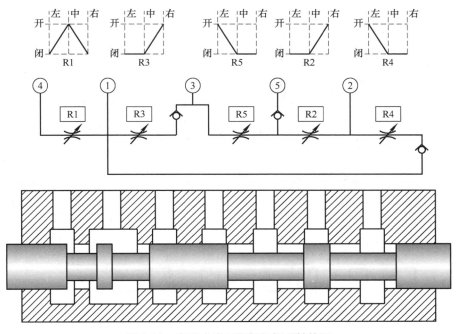

图 5-30　串联式液压滑阀的阀芯结构图

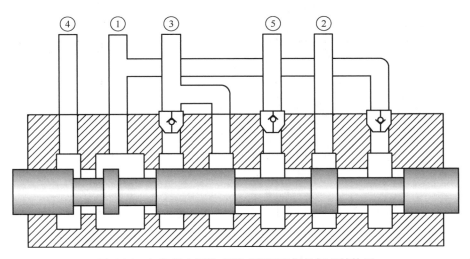

图 5-31　加装单向阀的串联式液压滑阀的阀芯结构图

图 5-31 所示为阀芯位于中位的状态。图 5-32 所示为其在左位和右位的状态。

6. 溢流阀和补油阀

液压系统阀中一个常见的设计是，在工作油路出流位置，加装一个连接 T 口的（回油箱）溢流阀和补油阀，如图 5-33 所示。

若直接将这两个阀加入建模过程，实际上增加了液压系统模型的复杂程度。只要稍加分析就能明白这两个阀的功能。溢流阀是为了保证工作油路压力不能太高而设计的，而补油阀则是为了防止其压力太低而设计的。也就是说，这两个阀的存在是给这个工作油路进行压力

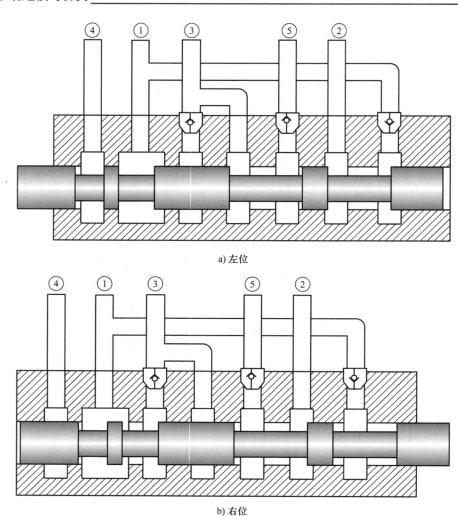

a) 左位

b) 右位

图 5-32   加装单向阀的串联式液压滑阀阀芯在左位和右位的状态

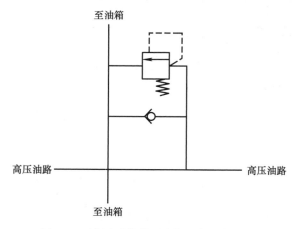

图 5-33   液压系统的溢流阀和补油阀结构

限制的，压力不能太高，也不能太低。

既然如此，实际上可以直接从结果去表达这两个阀的功能，即对油路压力的限制。在液压滑阀和液压缸，或是液压泵和液压滑阀之间的管路，通常会需要一个容性元件，而整个管路在因果关系确定后，该容性元件就会成为管路压力的决定者。因此，只要将这个容性元件的积分器输出进行限制，就可以实现这个溢流阀和补油阀的功能，如图 5-34 所示。

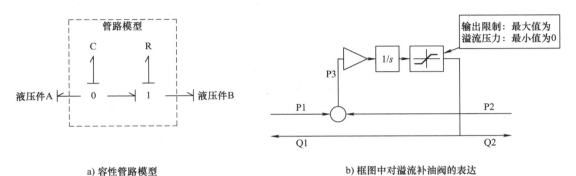

a) 容性管路模型　　　　　　　　　　b) 框图中对溢流补油阀的表达

图 5-34　液压系统的溢流阀和补油阀的建模表达

这个方法可以极大地简化系统模型，因为所有液压系统的每条油路都会有安全设计，这是十分必要的。事实上，几乎所有的实际系统，都有必要考虑积分环节的输出数值限制问题。

5.3　液力变矩器的建模

液力变矩器是许多重载型车辆传动系统中的常见元件，而这是个液力机械元件，其建模较为困难，往往让许多研究人员头疼。这里给出实际工程中液力变矩器建模的两种思路。

1. 工程简化特性曲线模型

如果研究重点在于整机，而不是研究液力变矩器内部设计，可建立简化的特性曲线模型。液力变矩器厂商可提供通过台架实验获得的无因次特性曲线，如图 5-35 所示。

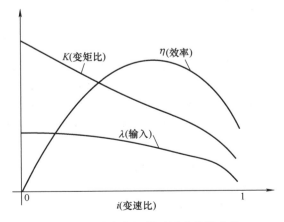

图 5-35　液力变矩器无因次特性曲线

该曲线实际包含两个关键函数：转速比与输入转矩的关系，转速比与转矩比的关系。

因此，该液力变矩器的模型可看作输入、输出的接口均为"流入势出"型，可用图5-36所示的框图表示其模型运算。

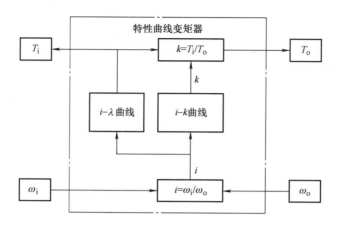

图 5-36　液力变矩器的工程简化特性曲线框图模型

2. 几何参数化详细键合图模型

如果需要研究变矩器内部结构对性能的影响，可以根据流体力学原理，对变矩器系统建模，具体过程如下。

机械液力转换可以认为是回转器元件，工作轮转动惯量和油液液感作为惯性元件，各环节的能头损失作为阻性元件，可绘制液力变矩器键合图模型如图5-37所示。

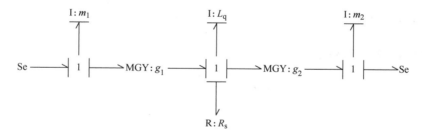

图 5-37　液力变矩器键合图模型

由键合图可进行系统动力学分析，对于变矩器来说，其非线性元件主要有两处：一是泵轮、涡轮的系统特性较为复杂，也就是两个 MGY 呈现出非线性的特点；二是变矩器内的各种损失较为复杂，使阻性元件呈现非线性，也就是 R_s 是非线性的。

要解决这两个问题，可以在传统学科中寻找答案。在已有的流体力学和变矩器的研究积累中，工作特性主要有两个关键方程。

第一个是能头特性方程（在传统水力学中通常用能头表述压强），其原理实际上来源于流体力学的伯努利方程，其基本形式为

$$P = f_P(n, Q) \tag{5-16}$$

式中，P 为工作轮产生的流体压强；n 为转速；Q 为流量。

式(5-16) 为转速和流量的函数关系式。

另一个是力矩特性方程，其原理来源于流体力学的动量方程，基本形式为

$$M = f_M(n, Q) \tag{5-17}$$

式中，M 为工作轮产生的转矩。

式(5-17) 也是转速和流量的函数关系式。

不难看到，能头方程和力矩方程中，转速和流量都是流，而压强和转矩都是势。因此，工作轮子系统的接口形式如图 5-38 所示。

图 5-38　工作轮子系统的接口形式

由此可见，只要能够写出这两个特性方程，就能成功解决工作轮子系统的建模问题。非常幸运的是，已有的变矩器理论已经能给出特性方程的具体形式，而且能够与变矩器的几何参数建立联系。

变矩器的主要几何参数见表 5-5，其中各参数按下标分类：下标第一位 B、T、D 分别代表泵轮、涡轮和导轮；第二位 1、2 分别代表入流口和出流口。各参数对应位置如图 5-39 所示。

表 5-5　变矩器的主要几何参数

几何参数	泵轮	涡轮	导轮
入流口半径	R_{B1}	R_{T1}	R_{D1}
出流口半径	R_{B2}	R_{T2}	R_{D2}
入流口叶宽	b_{B1}	b_{T1}	b_{D1}
出流口叶宽	b_{B2}	b_{T2}	b_{D2}
入流口叶片安装角	β_{B1}	β_{T1}	β_{D1}
出流口叶片安装角	β_{B2}	β_{T2}	β_{D2}
排挤系数	ψ_B	ψ_T	ψ_D

工作轮出入口的通流面积为

$$F_m = 2\pi R b \psi \tag{5-18}$$

式中，R、b、ψ 分别为具体工作轮的半径、叶宽、排挤系数，可得各通流面积 F_{mB1}、F_{mB2}、F_{mT1}、F_{mT2}、F_{mD1}、F_{mD2}。

（1）各工作轮特性

1）泵轮特性。取特性系数分别为

$$A_B = \rho (2\pi R_{B2})^2 \tag{5-19}$$

$$B_B = \rho \left(\frac{2\pi R_{B2}}{F_{mB2}} \cot\beta_{B2} - \frac{2\pi R_{B1}}{F_{mD2}} \cot\beta_{D2} \right) \tag{5-20}$$

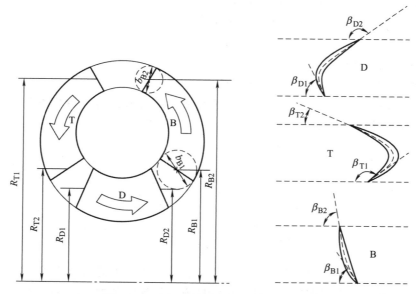

图 5-39　变矩器主要几何参数对应位置

则泵轮能头特性为

$$P_B = A_B n_B^2 - B_B n_B Q \tag{5-21}$$

泵轮转矩特性为

$$M_B = \frac{1}{2\pi} A_B n_B Q - B_B Q^2 \tag{5-22}$$

这里的两个系数 A 和 B 分别用作特性方程的系数，其下标 B 表示是泵轮。可以看到，这两个系数的所有参数都是几何参数（角度、尺寸等）以及密度，不会在系统运行中发生变化。因此这种模型称为几何参数化详细模型。涡轮和导轮特性也是用同样的方式列写。

2）涡轮特性。取特性系数分别为

$$A_T = \rho \left[(2\pi R_{T1})^2 - (2\pi R_{T2})^2 \right] \tag{5-23}$$

$$B_T = \rho \left(\frac{2\pi R_{T1}}{F_{mT1}} \cot\beta_{T1} - \frac{2\pi R_{T2}}{F_{mT2}} \cot\beta_{T2} \right) \tag{5-24}$$

则涡轮能头特性为

$$P_T = A_T n_T^2 - B_T n_T Q \tag{5-25}$$

涡轮转矩特性为

$$M_T = \frac{1}{2\pi} A_T n_T Q - B_T Q^2 \tag{5-26}$$

3）导轮特性。因导轮转速为 0，故

$$P_D = 0 \tag{5-27}$$

取特性系数为

$$B_D = \frac{\rho}{2\pi} \left(\frac{\cot\beta_{D2}}{b_{D2}\psi_{D2}} - \frac{\cot\beta_{D1}}{b_{D1}\psi_{D1}} \right) \tag{5-28}$$

导轮转矩特性为

$$M_D = B_D Q^2 \tag{5-29}$$

（2）子系统模型的建立

1）泵轮和涡轮的子系统模型。采用以上分析结果可建立泵轮和涡轮的子系统模型框图，如图5-40所示。子系统以两个流变量输入、两个势变量输出实现了二通口回转器功能。

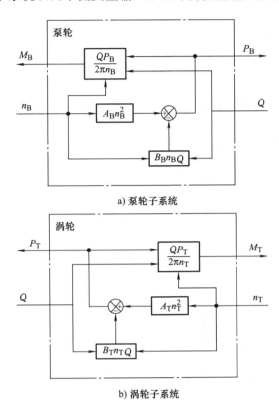

a) 泵轮子系统

b) 涡轮子系统

图5-40 泵轮和涡轮的子系统模型框图

2）压降损失特性子系统模型。变矩器系统中有多种类型的能量损失，变矩器结构内部封闭，其容积损失很小，因此应主要考虑压降损失。对于压降损失主要考虑两部分：摩擦损失和冲击损失。子系统模型以油液流量为输入，压降损失为输出，模型内部分为两部分，分别计算两种损失，其框图如图5-41所示。

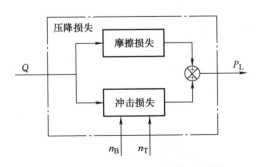

图5-41 压降损失子系统模型框图

① 摩擦损失：由油液在流道中的转向、收缩等产生，各工作轮摩擦损失的计算公式为

$$p_{mi} = \frac{\lambda_{mi} l_{mi}}{R} \left(\frac{1 + \cot^2 \beta_{i1}}{F_{mi1}} - \frac{1 + \cot^2 \beta_{i2}}{F_{mi2}} \right) \frac{\rho}{2} Q^2 \tag{5-30}$$

式中，R 为通流半径；l_{mi} 为通流长度；F_{mi1}、F_{mi2} 为进口、出口的通流面积；β_{i1}、β_{i2} 为进口、出口的叶片角；式中下标 i 取 B、T、D，分别对应泵、涡、导的摩擦损失计算；λ_{mi} 为摩擦损失系数，λ_{mi} 取 0.06。

② 冲击损失：由流体进入下一工作轮时流向改变产生，各工作轮冲击损失的计算公式为

$$p_{By} = \frac{\rho \varphi_B}{2} \left[\left(-2\pi n_B R_{B1} \right) - Q \left(\frac{\cot \beta_{D2}}{F_{mD2}} - \frac{\cot \beta_{B1}}{F_{mB1}} \right) \right]^2$$

$$p_{Ty} = \frac{\rho \varphi_T}{2} \left[\left(2\pi n_B R_{B2} - 2\pi n_T R_{T1} \right) - Q \left(\frac{\cot \beta_{B2}}{F_{mB2}} - \frac{\cot \beta_{T1}}{F_{mT1}} \right) \right]^2 \tag{5-31}$$

$$p_{Dy} = \frac{\rho \varphi_D}{2} \left[2\pi n_T R_{T2} - Q \left(\frac{\cot \beta_{T2}}{F_{mT2}} - \frac{\cot \beta_{D1}}{F_{mD1}} \right) \right]^2$$

（3）变矩器特性系统框图模型　根据以上子系统模型，结合键合图理论给出的其他动态元件模型，可建立整个变矩器系统模型框图，如图 5-42 所示。

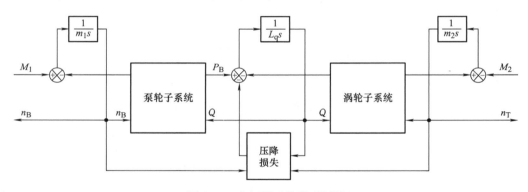

图 5-42　变矩器系统模型框图

与第一种工程简化特性曲线模型相比，几何参数化详细键合图模型要复杂得多，也更加详细。如果是需要在整机系统中考虑变矩器设计的"定制化"，或是研究变矩器本身的设计，可以考虑采用此类模型。

5.4　行星轮系变速器的建模

行星轮系可以以紧凑的结构实现大变速比，同时可以通过离合器实现档位切换，因此行星轮系变速器大量应用于车辆工程中。车辆传动系动力学问题、控制策略问题，以及故障诊断问题等，都会涉及行星轮系变速器的系统建模问题。由于此类变速器建模可能较为复杂，本节给出的是一种模块化的建模方法。

具有多个行星齿轮系和多个离合器的变速器具有三种子系统：行星轮系、离合器和惯性转子。

1. 行星轮系

行星轮系是变速箱的关键元件类型。建立行星轮系模型的难点在于行星架旋转时行星齿轮的自旋转会和行星架的中心旋转形成复合运动。键合图方法为行星齿轮系的建模提供了一种合理的建模思路。

（1）两种类型　行星齿轮系有两种类型：第一类是在齿圈和太阳轮之间具有单个行星齿轮，这里称其为 PGT-Ⅰ型；第二类是在齿圈和太阳轮之间有两个行星齿轮传动装置，这里称为 PGT-Ⅱ型。

1）对于 PGT-Ⅰ型，首先需要建立运动关系方程并设置变量，如图 5-43 所示。图中的 A 点是行星轮与齿圈之间的接触点，B 点是行星轮与太阳轮之间的接触点。行星轮系的参数表示如下：太阳轮的节圆半径为 r_s，行星轮的节圆半径为 r_p，齿圈的节圆半径为 r_r，太阳轮的转速为 ω_s，行星架的转速为 ω_c，行星轮的转速为 ω_p，齿圈的转速为 ω_r。齿圈在 A 点的线速度用 v_{ra} 表示，行星轮在 A 点的线速度用 v_{pa} 表示。

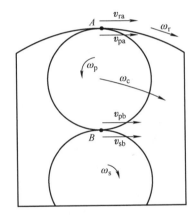

图 5-43　行星轮系 PGT-Ⅰ型的运动学分析

依然可以采用第 4 章讲解的机械系统建模步骤执行。所有速度的正向定义如图 5-43 所示。同样的，只需要建立运动学方程。

由图 5-43 可得出 A 点处的运动方程：

$$v_{pa} = -\omega_p r_p + \omega_c r_r \tag{5-32}$$

$$v_{ra} = \omega_r r_r \tag{5-33}$$

类似地，令 v_{pb} 为行星轮在 B 点处的线速度，v_{sb} 为太阳轮在 B 点处的线速度，则 B 点处的运动方程：

$$v_{pb} = \omega_p r_p + \omega_c r_s \tag{5-34}$$

$$v_{sb} = \omega_s r_s \tag{5-35}$$

然后建立行星轮系 PGT-Ⅰ型的键合图模型，如图 5-44 所示。该系统有三个接口连接到外部系统，即太阳轮、行星架和齿圈。行星轮则是系统中的一个传动环节，它与外部系统没有直接接触。

2）PGT-Ⅱ型是由齿圈和太阳轮之间的两个行星轮驱动的行星轮系，如图 5-45 所示。与太阳轮接触的行星齿轮设为 P1，与齿圈接触的外行星齿轮设为 P2。在图 5-45 中，A 点是 P2

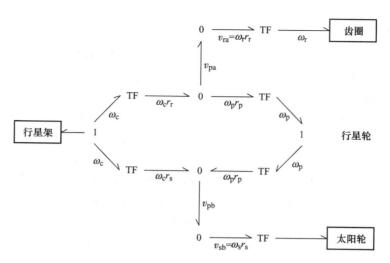

图 5-44　行星轮系 PGT-Ⅰ型的键合图模型

与齿圈之间的接触点，B 点是 P1 与太阳轮之间的接触点。其他符号与 PGT-Ⅰ型相同。建立 A 点处的运动方程：

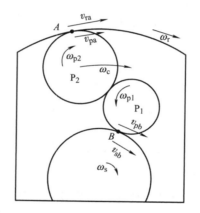

图 5-45　行星轮系 PGT-Ⅱ型的运动学分析

$$v_{pa} = \omega_{p2} r_{p2} + \omega_c r_r \tag{5-36}$$

$$v_{ra} = \omega_r r_r \tag{5-37}$$

令 v_{pb} 为行星齿轮 P1 在 B 点的线速度，v_{sb} 为太阳轮在 B 点的线速度，则存在以下关系：

$$v_{pb} = \omega_{p1} r_{p1} + \omega_c r_s \tag{5-38}$$

$$v_{sb} = \omega_s r_s \tag{5-39}$$

同时，两个行星之间满足以下关系：

$$\omega_{p1} r_{p1} = \omega_{p2} r_{p2} \tag{5-40}$$

然后建立行星轮系 PGT-Ⅱ型的键合图模型，如图 5-46 所示。

与 PGT-Ⅰ相似，该系统也有三个接口连接到外部系统，即太阳轮、行星架和齿圈。

（2）因果关系可能性　键图理论对因果关系定义有严格的规则。为了便于分析行星齿轮系子系统的因果关系，可以将图 5-44 和图 5-46 简化为图 5-47 所示的结构。由于仅讨论因

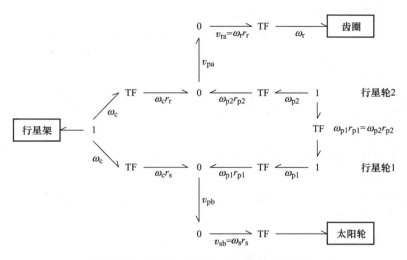

图 5-46 行星轮系 PGT-Ⅱ型的键合图模型

果关系可能性，因此删除了 TF 元素。

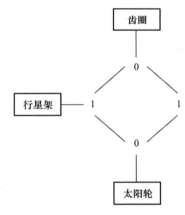

图 5-47 用于确定因果关系可能性的行星轮系模型简化键合图结构

可以看出，如果没有向系统添加任何储能元件（容性或惯性），则这三个端口不能全部定义为流源或全部定义为势源。根据关系图的因果规则，包括以下可能性：

① 如果行星架为流源，齿圈为势源或流源，那么太阳轮必须是流源。

② 如果行星架为势源，那么齿圈和太阳轮必须都是流源。

以下使用 C、R 和 S 分别表示行星架、齿圈和太阳轮。所有的因果关系可能性见表 5-6。表中，Sf 表示流源，Se 表示势源。

表 5-6 PGT 键合图结构的因果关系可能性

可能性	C	R	S
1	Sf	Sf	Se
2	Sf	Se	Sf
3	Se	Sf	Sf

但是，在此键图模型结构中还没有能量存储元件（C 或 I），这意味着它仍然是静态模型。事实上，大多数研究（如自动变速控制、故障诊断等）中，建模都需要动态模型，内部应具有能量存储元件（C 或 I）。可以根据实际研究需要，添加容性元件 C 或惯性元件 I，但会导致多种因果关系的发生。

而为了实现模块化，PGT 动态子系统的三个端口应具有统一的因果关系定义，并且易于与其他子系统连接。除此之外，PGT 子系统还应添加多个 C 元件或 I 元件，以满足大多数动态研究需求。

因此，这里给出两种适合于模块化建模的 PGT 动态子系统。

1）弹性接触齿轮模型。

关于疲劳和故障诊断的许多研究都需要精确地表达齿轮之间的接触弹性，弹性接触齿轮模型可以满足这类研究的需求。

将弹性元件添加到齿轮的啮合点，并考虑行星齿轮的惯性矩。例如，PGT-Ⅰ型的键合图可更改为图 5-48 所示弹性接触齿轮模型。

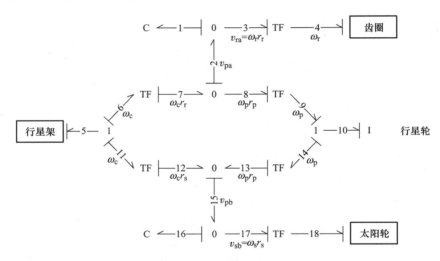

图 5-48　PGT-Ⅰ型弹性接触齿轮模型

如图 5-49 所示，可以看出，在行星轮系中存在三个能量变量：行星轮与太阳轮之间的接触弹性 K_{sp}，行星轮与齿圈之间的接触弹性 K_{rp} 以及行星轮的惯性 I_p。该模型将齿轮视为弹性接触。

2）弹性行星模型。具有三个动态参数的弹性接触齿轮模型将不可避免地增加系统的复杂性。在一些有关车辆动力学和 AT 控制的研究中，这些不必要的详细元素可能会在系统仿真过程中引起更多的刚性问题。为解决此问题，引入一个单一的能量变量参数——行星轮弹性，来建立模型，该模型被称为弹性行星模型。根据该方法建立如图 5-50 所示的 PGT-Ⅰ型弹性行星模型。

与弹性接触齿轮模型不同，该子系统行星齿轮具有弹性，弹性系数为 K_p，如图 5-51 所示。

在该模型中，太阳轮的接触点和齿圈的接触点可以具有不同的角速度，因此存在两个角速度 ω_{p1} 和 ω_{p2}，并通过弹性元件在稳态下保持相同的角速度。这种形式的行星轮系模型比

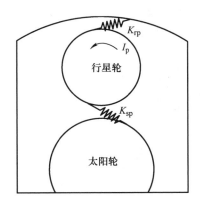

图 5-49 PGT-Ⅰ型弹性接触齿轮模型的原理表示

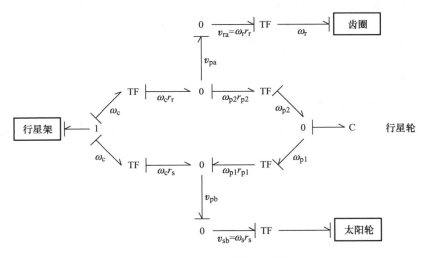

图 5-50 PGT-Ⅰ型弹性行星模型

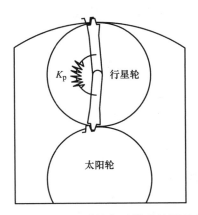

图 5-51 PGT-Ⅰ型弹性行星模型的原理表示

以前的模型简单得多。

PGT-Ⅰ型与 PGT-Ⅱ型行星轮系（即双行星）的因果关系相似。区别在于，PGT-Ⅱ型行星轮系应使用惯性元素来表示两个行星轮的惯性，否则将存在微分因果关系。如果使用单个储能元件（行星轮弹性）进行建模，则应在行星轮的 TF 旁边插入零结点，并且还可以实现具有所有流源端口的 PGT 模型。同时，为了确保与其他组件的平滑拼接，所有流源端口的功率键方向都向外。

至此，建立了行星轮系子系统，如图 5-52 所示。

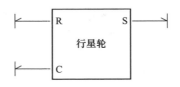

图 5-52　行星轮系模型子系统

为了直观，整个子系统用一个矩形表示。该系统具有三个端口，分别代表齿圈、行星架和太阳轮，并分别标记为 R、C 和 S。如上所述，对系统内部的模型结构进行建模，根据需要选择弹性接触齿轮模型或弹性行星模型，外部端口是 3 个流源。

子系统特征：3 个端口，所有端口均为流源端口（速度输入、转矩输出）。

2. 离合器

根据现有的资料，为了在离合器的两端之间提供相同的动力方向和因果关系，可以通过两端的角速度来计算离合器传递的转矩。根据离合器的转矩计算公式，键合图结构为连接 R 元件的 0 结形式，如图 5-53 所示。

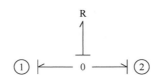

图 5-53　离合器的键合图模型

离合器是两个源端口的子系统元素，转矩传递公式为

$$T_1 = -T_2 = K\left[\omega_1 - \omega_2 + \tau(\dot\omega_1 - \dot\omega_2)\right] \tag{5-41}$$

如果绘制该框图，则原始键合图变换框图将被扩展，并添加微分运算调整，如图 5-54 所示。

在仿真过程中，通过两个角速度和加速度计算转矩传递，并通过调整 K 值来更改转矩传递。在此模型中，离合器由 K 值控制，如果离合器分离，则 $K=0$，如果接合离合器，K 值应为常数。

至此，建立了离合器子系统，如图 5-55 所示。

子系统特征：2 个端口，所有端口均为流源端口（速度输入、转矩输出）。

3. 惯性转子

在变速器中的多个齿轮连接中，有许多转子是互通的。例如，第一个 PGT 的齿圈与第二个 PGT 的行星架相连，或者一个轴将多个太阳轮连接在一起等。如果多个 PGT 和离合器共用一个转子，就应认为其是一个统一的元件。

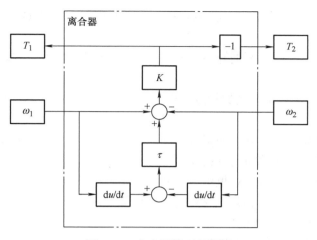

图 5-54　离合器模型的框图

图 5-55　离合器模型子系统

因此，对于此类旋转部件应使用惯性元件统一表示，称这样的惯性元件为惯性转子，其键合图如图 5-56 所示。

惯性元素代表其惯性矩。阻性元件代表其摩擦损耗，也可以表征机械效率。对于 1 结，势源端口应为外界转矩的输入端口。为了与行星轮系和离合器连接，将动力方向定义为指向接合点。不难理解，这种势源端口可以是多个，并且可以用于连接更多其他子系统，这表明了它与其他子系统的联系，如图 5-57 所示。

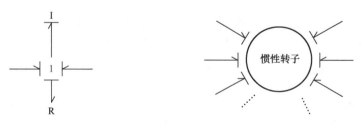

图 5-56　惯性转子的键合图模型　　　图 5-57　惯性转子模型子系统

离合器和 PGT 都有流源端口，所有惯性转子都有势源端口，惯性转子可以视为另一种独特的组件类型。因此，这里规定，惯性转子在图中绘制为圆形，而离合器和行星轮系则绘制为矩形。当子系统连接在一起时，这个规定就会显示出其优势。连接遵循一个简单的规则：矩形只能连接到圆形。

特征：任意数量的端口，所有端口均为势源端口（速度输出、转矩输入）。

4. 行星轮系变速器的建模流程

到目前为止，已建立了三个子系统模块：

1）行星齿轮系。该子系统模块的特点：3 个端口，分别为 R、C、S，所有端口均为流源端口（速度输入、转矩输出），可根据实际系统类型（PGT-Ⅰ或PGT-Ⅱ）选择行星齿轮系。

2）离合器。该子系统模块的特点：2个端口，所有端口均为流源端口（速度输入、转矩输出）。

3）惯性转子。该子系统模块的特点：任意数量的端口，所有端口均为势源端口（速度输出、转矩输入）。

结合这三个子系统可以建立传输系统。然而，在应用中，变速器设计者提供的变速器示意图（图5-58）仍然难以转换成子系统连接图。

为了便于操作并防止错误，这里给出一套用来确定子系统连接的流程。

步骤1，标记所有PGT和离合器。在原理图中，将PGT和离合器标记为PGT-1，PGT-2，……和Clutch-1，Clutch-2，……。

步骤2，建立两个组件表，即PGT表和离合器表。

构建PGT表的方法：

行：写出每个行星轮系。行数等于PGT的数量。

列：分为R、C、S三列。

构建离合器表的方法：

行：写出每个离合器。行数等于离合器的数量。

列：分为1、2端口两列。

步骤3，填写PGT表。将所有惯性转子填到表格中。在填写过程中，所有惯性转子应编号为I1、I2、I3等。应逐行填写PGT表。在编写新行时，如果它是出现过的惯性转子，则应从旧行中提取同一个内容填入。

步骤4，填写离合器表。惯性转子和地面（可以用G填充）的内容从PGT表中提取即可。

步骤5，绘制连接图。根据两张表绘制连接图时，注意遵守圆形只能连接到矩形的规则。连接图完成后，将每个子系统替换为子系统模块模型，以建立整体的系统模型。

5. 行星轮系变速器的建模实例

例5-2 50L装载机是用于工程施工的重型车辆。变速器采用双涡轮变矩器，变速器结构相对简单，具有两个前进档（1、2）和倒档R，其变速器示意图如图5-58所示。可以看出，变速器具有三个离合器和两个行星轮系。

步骤1，标记所有PGT和离合器。两个行星轮系分别标记为PGT-1和PGT-2，三个离合器分别标记为Clutch-R、Clutch-1和Clutch-2，如图5-58所示。

步骤2，建立两个组件表。

在这种情况下，由于有两个PGT和三个离合器，因此PGT表应为两行三列，离合器表应为三行两列。

步骤3，填写PGT表。记下行星轮系的组件。

首先填写PGT-1行，S、C和R分别连接三个新组件，因此将它们标记为I1、I2、I3。

然后填写PGT-2行，图5-58显示PGT-2和PGT-1共享相同的太阳轮元素，因此S列仍填充I1。由于PGT-2的载体与PGT-1的齿圈相同，因此其C列为I3。齿圈是一个新元素，

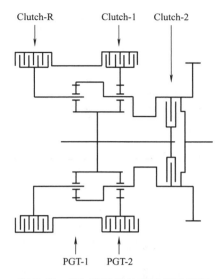

Clutch-R Clutch-1 Clutch-2

PGT-1 PGT-2

图 5-58　50L 装载机的变速器示意图

因此填写 I4。至此，PGT 表填写完成，见表 5-7。

表 5-7　50L 装载机变速器的 PGT 表

名称	S	C	R
PGT-1	I1	I2	I3
.PGT-2	I1	I3	I4

步骤 4，填写离合器表。

首先填写 Clutch-R 行。Clutch-R 的一侧连接 PGT-1 的载体，另一侧接地。根据 PGT 表，PGT-1 的 C 为 I2，因此本行分别填写 I2 和 G（用于接地）。

然后填写 Clutch-1 行。Clutch-1 的一侧为 PGT-2 齿圈，另一侧接地。根据 PGT 表，PGT-2 的 R 为 I4，因此在本行填写 I4 和 G。

最后填写 Clutch-2，Clutch-2 可以看作是将 PGT-1 的太阳轮（也包括 PGT-2 的太阳轮）连接到 PGT-1 的齿圈（PGT-2 的行星架）的离合器，因此在本行分别填写 I1 和 I3。至此，离合器表填写完成，见表 5-8。

表 5-8　50L 装载机变速器的离合器表

名称	1	2
Clutch-R	I2	G
Clutch-1	I4	G
Clutch-2	I1	I3

步骤 5，绘制连接图。根据这两个表绘制连接图，如图 5-59 所示。

例 5-3　TY220 推土机变速器

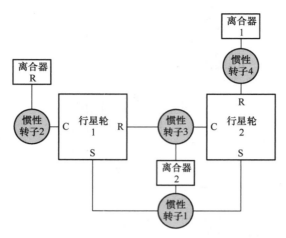

图 5-59　50L 装载机的子系统模型连接图

TY220 推土机是六档齿轮箱，前三档、后三档，如图 5-60 所示。可以看出，变速器具有五个离合器和四个行星轮系。

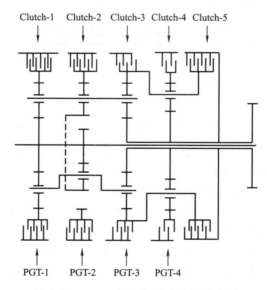

图 5-60　TY220 推土机的变速器示意图

步骤 1，标记所有 PGT 和离合器。离合器标记为 Clutch-1～Clutch-5，四个行星齿轮系分别标记为 PGT-1～PGT-4。

步骤 2，建立两个组件表。在这种情况下，由于有四个 PGT 和五个离合器，因此 PGT 表应为 4 行 3 列，离合器表应为 5 行 2 列。

步骤 3，填写 PGT 表。

首先填写 PGT-1 行，此行 S、C、R 必须是三个新组件，因此分别标记为 I1、I2、I3。

然后填写 PGT-2 行。图 5-60 显示 PGT-2 为 PGT-Ⅱ型，稍后选择子系统模型时应注意。由于 PGT-2 和 PGT-1 共享相同的太阳轮和相同的载体，因此 S 列仍填充 I1，C 列仍填充 I2。PGT-2 具有新的齿圈元素，因此 R 列填充 I4。

接下来填写 PGT-3 行。由于太阳轮是一个新的分量，因此填写 I5；由于载体与 PGT-2 和 PGT-1 相同，因此填写 I2；由于齿圈为一个新组件，因此填写 I6。

最后填写 PGT-4 行。由于太阳轮与 PGT-3 相同，因此填写 I5；由于载体与 PGT-3 的环相同，因此填写 I6；由于齿圈为一个新组件，因此填写 I7。

到目前为止，PGT 表填写完成，见表 5-9。

表 5-9　TY220 推土机变速器的 PGT 表

名称	S	C	R
PGT-1	I1	I2	I3
PGT-2	I1	I2	I4
PGT-3	I5	I2	I6
PGT-4	I5	I6	I7

步骤 4，填写离合器表。

首先填写 PGT-1 行，图 5-60 显示它的一侧是 PGT-1 的齿圈，另一侧接地。根据 PGT 表，PGT-1 的 R 为 I3，因此在本行分别填写 I3 和 G。

然后填写 Clutch-2 行，它的一侧是 PGT-2 的齿圈，另一侧接地。根据 PGT 表，PGT-2 的 R 为 I4，因此在本行分别填写 I4 和 G。

再填写 Clutch-3 行，它的一侧是 PGT-3 的齿圈（也是 PGT-4 的载体），另一侧接地。根据 PGT 表，PGT-3 的 R 为 I6，因此在本行分别填写 I6 和 G。

接下来填写 Clutch-4 行，一侧是 PGT-4 的齿圈，另一侧接地。根据 PGT 表，PGT-4 的 R 为 I7，因此在本行分别填写 I7 和 G。

最后填写 Clutch-5 行，将 PGT-3、PGT-4 的太阳轮连接到 PGT-3 的齿圈（以及 PGT-4 的行星架）的是 Clutch-5，因此在本行分别填写 I5 和 I6。

至此，离合器表填写完成，见表 5-10。

表 5-10　TY220 推土机变速器的离合器表

名称	1	2
Clutch-1	I3	G
Clutch-2	I4	G
Clutch-3	I6	G
Clutch-4	I7	G
Clutch-5	I5	I6

步骤 5，绘制连接图。根据两个组件表绘制连接图，如图 5-61 所示。

连接图完成后，将每个子系统替换为子系统模块，以建立整个变速器的系统模型。注意这里的 PGT-2 必须替换为 PGT-Ⅱ型。

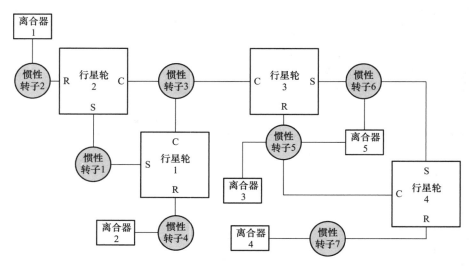

图 5-61　TY220 推土机的变速器子系统连接图

上面的两个示例介绍了将传输原理图转换为子系统连接图的过程。新型的自动变速器常有更多的档位，系统建模也可以通过相同的方式完成，这可以用作变速器动态系统的标准化建模方法。

5.5　机械臂的建模

1. 直线驱动铰接式机械臂

以下给出的机械臂建模，针对直线驱动铰接式机械臂，此类机械臂具备以下特点：

1）所有运动副为转动副，一般是铰接式。

2）驱动机构为直线驱动式制动器，主要是为了配合液压缸。

对此类机械臂建模可以采用多刚体动力学的系统建模方法，这也是机器人系统研究最常用的方法，其基本思路如下：

1）系统分为多个刚体，刚体间通过弹性连接进行铰接。

2）各个刚体具备独立的局部坐标系，以体现其平动和转动惯性。

3）刚体与刚体间连接为柔性，一方面可以体现系统动态特征，另一方面可以规范因果关系，实现系统建模模块化。

由第 4 章中解决平面运动问题的方法可知，各个刚体之间的连接副都会存在多个维度的接口，若按传统键合图的方式绘图，需要绘制的键会很多。由于机械臂涉及三维问题，每个铰接点之间需要传递的信息至少包括：6 个势和 6 个流（X、Y、Z 方向，每个方向有力、力矩、速度和角速度），也就是键合图会涉及 6 个键的连接。

如果这 6 个键的因果关系是统一的，就可以考虑将其看作"向量"的形式，也就是说，这 6 个键可以看作为一个键，而该键上的势和流，都是六维向量。此时，可以将键合图的键绘制为双线形式，如图 5-62 所示。

图中的 e 和 f 均为向量，其中：

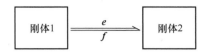

图 5-62　向量键合图

$$e = (F_x, \ F_y, \ F_z, \ \tau_x, \ \tau_y, \ \tau_z)^{\mathrm{T}}$$
$$f = (v_x, \ v_y, \ v_z, \ \omega_x, \ \omega_y, \ \omega_z)^{\mathrm{T}} \qquad (5\text{-}42)$$

这种键合图被称作向量键合图。向量键合图可以让图形更加简洁，同时也可以通过矩阵运算实现各类通口元件的计算。

在这样的规则下，直线驱动铰接式机械臂可以看作由以下三种子系统构成：

1）刚体单元：接口数量不限，均为向量势入型。

2）铰接点：两个接口，均为向量流入型。

3）直线执行器：三个接口，两个为向量流入型，一个为普通平动势入型。

2. 机械臂子系统

（1）刚体单元　机械臂作为刚体，其主要参数为：

① 重心的全局坐标位置和质量值。

② 在其局部坐标系中三个维度的转动惯量值。

③ 与外界其他机构进行功率交互的点的位置（以下称其为铰点），可以有多个。

第 4 章中的多刚体动力学模型问题，解决的是平面问题，一个可在三维空间运动的刚体，虽然其建模原理、步骤与平面问题是相同的，但三维问题毕竟更加复杂，因此以下会做详尽的介绍。

与平面问题相同，三维刚体模型同样可以分为三层：

上层：重心位置，由于是三维问题，1 结会达到 6 个，分别是 3 个方向的平动和 3 个方向的转动。

中层：局部坐标系每个铰点位置的局部速度，每个点会有 3 个 1 结，代表 3 个方向的平动。

下层：全局坐标系每个铰点位置的全局速度，每个点会有 3 个 1 结，代表 3 个方向的平动。该位置可以与外界键合。

下面首先介绍上层重心位置的模型细节，然后介绍上层到中层、中层到下层的转化方法。

1）上层重心位置模型。平面问题中，由于回转惯性问题，会在 X 和 Y 方向的 1 结中增加 MGY。同样的，这个现象在三维问题中也会出现，而且会存在于每个坐标之间，根据牛顿第二定律有

$$F_x = m\,\dot{v}_x + m\omega_y v_z - m\omega_z v_y$$
$$F_y = m\,\dot{v}_y + m\omega_z v_x - m\omega_x v_z$$
$$F_z = m\,\dot{v}_z + m\omega_x v_y - m\omega_y v_x \qquad (5\text{-}43)$$

转动方程也同样存在这种关系：

$$\tau_x = J_x\,\dot{\omega}_x + \omega_y J_z \omega_z - \omega_z J_y \omega_y$$

$$\tau_y = J_y \dot{\omega}_y + \omega_y J_x \omega_x - \omega_x J_z \omega_z$$

$$\tau_z = J_z \dot{\omega}_z + \omega_x J_y \omega_y - \omega_y J_x \omega_x \tag{5-44}$$

这样一来重心位置的 6 个 1 结，可以绘制成 2 个三角形形状的键合图结构，如图 5-63 所示。

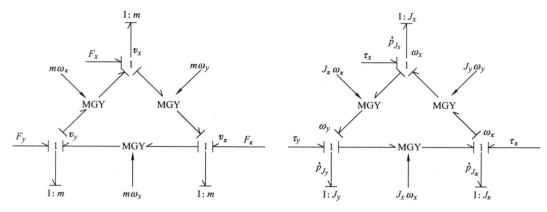

图 5-63 三维刚体单元重心的键合图

该结构的特征是 6 个 1 结之间互相影响。平动 1 结之间通过 MGY 连接互相影响，而转速 1 结通过 MGY 的模数调制会影响到平动 1 结。将其转化为状态空间方程。

三个平动方程：

$$\dot{p}_x = F_x + m\omega_z \frac{p_y}{m} - m\omega_y \frac{p_z}{m}$$

$$\dot{p}_y = F_y + m\omega_x \frac{p_z}{m} - m\omega_z \frac{p_x}{m}$$

$$\dot{p}_z = F_z + m\omega_y \frac{p_x}{m} - m\omega_x \frac{p_y}{m} \tag{5-45}$$

三个转动方程：

$$\dot{p}_{J_x} = \tau_x + J_y \omega_y \frac{p_{J_z}}{J_z} - J_z \omega_z \frac{p_{J_y}}{J_y}$$

$$\dot{p}_{J_y} = \tau_y + J_z \omega_z \frac{p_{J_x}}{J_x} - J_x \omega_x \frac{p_{J_z}}{J_z}$$

$$\dot{p}_{J_z} = \tau_z + J_x \omega_x \frac{p_{J_y}}{J_y} - J_y \omega_y \frac{p_{J_x}}{J_x} \tag{5-46}$$

2）上层到中层，即重心点到局部坐标系每个铰点的位置。该计算过程可参考第 4 章中的平面运动问题。

重心点位置的速度输出为向量，设为 $(v_x, v_y, v_z, \omega_x, \omega_y, \omega_z)^{\mathrm{T}}$，设定局部坐标系以重心位置为原点，对某个编号为 i 的铰点，若其局部坐标的坐标值为 (x_i, y_i, z_i)，则该点局部坐标系速度公式为

$$v_{x_i} = v_x + y_i\omega_z + z_i\omega_y$$

$$v_{y_i} = v_y + x_i\omega_z + z_i\omega_x$$

$$v_{z_i} = v_z + x_i\omega_y + y_i\omega_x \tag{5-47}$$

3）中层到下层，即每个铰点位置的局部坐标到全局坐标。该坐标转化可通过以下公式进行，其中下标大写 X，Y，Z 代表全局坐标系，小写 x，y，z 代表局部坐标系：

$$
\begin{aligned}
\omega_x'' &= \omega_x \\
\omega_y'' &= \omega_y \cos\phi - \omega_z \sin\phi \\
\omega_z'' &= \omega_y \sin\phi + \omega_z \cos\phi \\
\omega_x' &= \omega_x'' \cos\theta + \omega_z'' \sin\theta \\
\omega_y' &= \omega_y'' \\
\omega_z' &= -\omega_x'' \sin\theta + \omega_z'' \cos\theta \\
\omega_X &= \omega_x' \cos\psi - \omega_y' \sin\psi \\
\omega_Y &= \omega_x' \sin\psi + \omega_y' \cos\psi \\
\omega_Z &= \omega_z'
\end{aligned}
\tag{5-48}
$$

写为矩阵形式如下：

$$
\begin{pmatrix} \omega_x'' \\ \omega_y'' \\ \omega_z'' \end{pmatrix} =
\begin{pmatrix} 1 & 0 & 0 \\ 0 & \cos\phi & -\sin\phi \\ 0 & \sin\phi & \cos\phi \end{pmatrix}
\begin{pmatrix} \omega_x \\ \omega_y \\ \omega_z \end{pmatrix}
$$

$$
\begin{pmatrix} \omega_x' \\ \omega_y' \\ \omega_z' \end{pmatrix} =
\begin{pmatrix} \cos\theta & 0 & \sin\theta \\ 0 & 1 & 0 \\ -\sin\theta & 0 & \cos\theta \end{pmatrix}
\begin{pmatrix} \omega_x'' \\ \omega_y'' \\ \omega_z'' \end{pmatrix}
$$

$$
\begin{pmatrix} \omega_X \\ \omega_Y \\ \omega_Z \end{pmatrix} =
\begin{pmatrix} \cos\psi & -\sin\psi & 0 \\ \sin\psi & \cos\psi & 0 \\ 0 & 0 & 1 \end{pmatrix}
\begin{pmatrix} \omega_x' \\ \omega_y' \\ \omega_z' \end{pmatrix}
\tag{5-49}
$$

系数矩阵可写为

$$
\boldsymbol{\Phi} = \begin{pmatrix} 1 & 0 & 0 \\ 0 & \cos\phi & -\sin\phi \\ 0 & \sin\phi & \cos\phi \end{pmatrix}
$$

$$
\boldsymbol{\theta} = \begin{pmatrix} \cos\theta & 0 & \sin\theta \\ 0 & 1 & 0 \\ -\sin\theta & 0 & \cos\theta \end{pmatrix}
$$

$$
\boldsymbol{\psi} = \begin{pmatrix} \cos\psi & -\sin\psi & 0 \\ \sin\psi & \cos\psi & 0 \\ 0 & 0 & 1 \end{pmatrix}
\tag{5-50}
$$

则

$$
\begin{pmatrix} \omega_X \\ \omega_Y \\ \omega_Z \end{pmatrix} = \boldsymbol{\Psi\theta\Phi}
\begin{pmatrix} \omega_x \\ \omega_y \\ \omega_z \end{pmatrix}
$$

$$
\begin{pmatrix} v_X \\ v_Y \\ v_Z \end{pmatrix} = \boldsymbol{\Psi\theta\Phi}
\begin{pmatrix} v_x \\ v_y \\ v_z \end{pmatrix}
\tag{5-51}
$$

力和力矩同样遵循该转化：

$$\begin{pmatrix} F_x \\ F_y \\ F_z \end{pmatrix} = (\boldsymbol{\Psi\theta\Phi})^{\mathrm{T}} \begin{pmatrix} F_X \\ F_Y \\ F_Z \end{pmatrix}$$

$$\begin{pmatrix} \tau_x \\ \tau_y \\ \tau_z \end{pmatrix} = (\boldsymbol{\Psi\theta\Phi})^{\mathrm{T}} \begin{pmatrix} \tau_X \\ \tau_Y \\ \tau_Z \end{pmatrix} \qquad (5\text{-}52)$$

也就是说坐标系转换可用三个转化矩阵。这里需要注意的是，转化阵有三个转角，而这三个转角是会在仿真中变化的。因此，这里可以再列三个状态空间方程，用来求解这三个转角。这三个空间状态方程可以与重心点方程共同求解。

三个状态空间方程：

$$\omega_x = \dot{\phi} - \dot{\psi}\sin\theta$$

$$\omega_y = \dot{\theta}\cos\phi + \dot{\psi}\cos\theta\sin\phi$$

$$\omega_z = -\dot{\theta}\sin\phi + \dot{\psi}\cos\theta\cos\phi \qquad (5\text{-}53)$$

将式(5-53)化为标准形式：

$$\dot{\theta} = \cos\phi\,\omega_y - \sin\phi\,\omega_z$$

$$\dot{\psi} = \frac{\sin\phi}{\cos\theta}\omega_y + \frac{\cos\phi}{\cos\theta}\omega_z$$

$$\dot{\phi} = \omega_x + \sin\phi\frac{\sin\theta}{\cos\theta}\omega_y + \cos\phi\frac{\sin\theta}{\cos\theta}\omega_z \qquad (5\text{-}54)$$

三维刚体单元的键合图结构如图 5-64 所示，其特征为：力、力矩向上传播，而速度、角速度向下传播。如果将其看作子系统，则三维刚体单元子系统模型如图 5-65 所示。

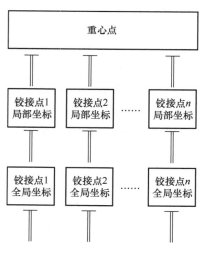

图 5-64　三维刚体单元的键合图结构

（2）铰接点　由于刚体单元的所有接口为势入型接口，因此两个刚体单元连接时不能直接对接，需要建立铰接点子系统。铰接点子系统的建立方法类似于液压系统的容性管路，

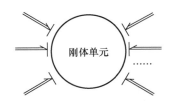

图5-65　三维刚体单元子系统模型

需要两个流入型接口，也就是需要由两个刚体的相对速度，求解作用于它们的反力。可以采用简单的弹簧阻尼器连接思路，如图5-66所示。图中仅表示了1个维度的求解，实际铰接点模型需要求解向量的6个维度的力，也就是该图应出现6次。

　　需要注意的是，对于这里的C元件来说，其求解需要对两个点的相对速度求积分，而为了避免数值仿真的误差问题，可以在系统的向量键中，再增加6个广义位移量，由刚体输出给铰接点，这样在计算时，C元件直接取两个刚体给的位移量差值，可实现更加准确高效的仿真结果。铰接点子系统模型如图5-67所示。

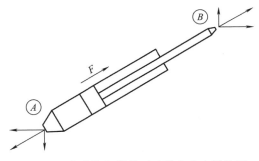

图 5-66　铰接点中一个维度的求解模型

图 5-67　三维铰接点子系统模型

（3）直线执行器　直线执行器用于将平动一维机械转换为三维系统。这个转换通过基本的机械运动学和动力学即可求解，如图5-68所示。

图 5-68　直线执行器的运动学和动力学关系

　　由于刚体单元输出的是速度信息，因此通过液压缸连接点的坐标位置和 X、Y、Z 方向的速度，可直接求得液压缸活塞相对于缸体的速度。直线执行器可以伸缩，因此在求解时，首先按两端点计算其长度 D，设两个端点分别为 A 和 B，已知当前时刻其坐标（位移）分别为 (x_a, y_a, z_a) 和 (x_b, y_b, z_b)，则有

$$d_x = x_a - x_b$$
$$d_y = y_a - y_b$$
$$d_z = z_a - z_b$$
$$D = \sqrt{d_x^2 + d_y^2 + d_z^2} \tag{5-55}$$

速度分别为 $(v_{x_a}, v_{y_a}, v_{z_a})$ 和 $(v_{x_b}, v_{y_b}, v_{z_b})$，则相对速度为

$$v_{d_x} = v_{x_a} - v_{x_b}$$

$$v_{d_y} = v_{y_a} - v_{y_b}$$

$$v_{d_z} = v_{z_a} - v_{z_b} \tag{5-56}$$

求解液压缸活塞相对于缸体的速度

$$v_{in} = \frac{d_x v_{d_x} + d_y v_{d_y} + d_z v_{d_z}}{D} \tag{5-57}$$

同时，可通过几何关系将油缸上的力转化为两个铰接点的 X、Y、Z 方向的力。已知液压缸活塞的直线输入力为 F_{in}，求解两个端点的受力，设 A 点的受力为（F_{x_a}，F_{y_a}，F_{z_a}），则

$$F_{x_a} = \frac{F_{in} d_x}{D}$$

$$F_{y_a} = \frac{F_{in} d_y}{D}$$

$$F_{z_a} = \frac{F_{in} d_z}{D} \tag{5-58}$$

B 点受力则为 A 点受力的负值。

至此，可得出直线执行器的子系统模型，如图 5-69 所示。

图 5-69　直线执行器的子系统模型

这三种子系统模型确定后，同样可以进行模块化建模，只需要遵照矩形必须连接圆形的规则，就可以建立任何形式的直线驱动铰接式机械臂的系统模型。

3. 机械臂建模实例

以下以反铲挖掘机为例，对其机械臂系统进行建模分析。图 5-70 所示为反铲挖掘机。

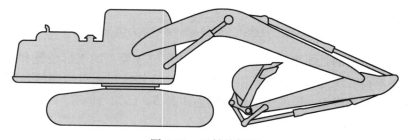

图 5-70　反铲挖掘机

这里分析其机械臂结构，将上车体当作静止面，其组件可分解为图 5-71 所示的内容。

可认为反铲挖掘机具有三个质量较大的刚体，分别为动臂、斗杆和铲斗，将其分别作为刚体单元建模。同时，铲斗具备四杆机构形式，应将摇杆也作为刚体单元。

在此基础上，系统需要四个铰接点，分别为动臂与地面、动臂与斗杆、斗杆与铲斗、斗

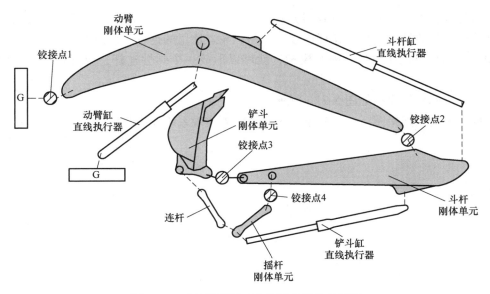

图 5-71　反铲挖掘机工作装置的组件分解图

杆与摇杆，将其分别设为铰接点 1、2、3、4。模型连接图如图 5-72a 所示。

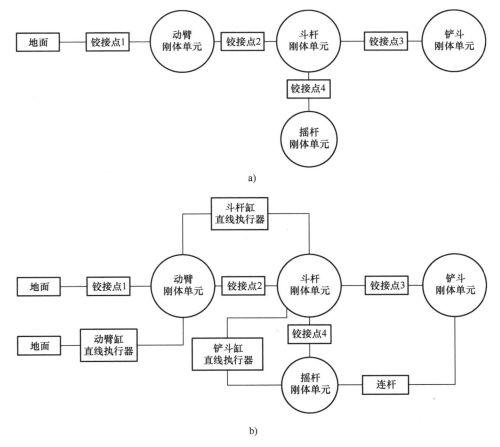

图 5-72　反铲挖掘机工作装置系统模型连接图

　　再增加执行器，按照执行器连接规则：动臂缸连接动臂与地面，斗杆缸连接动臂与斗杆，铲斗缸连接斗杆与摇杆，连杆连接摇杆与铲斗。这里的连杆，可以在直线执行器子系统上，增加活塞直线位移的弹性限制模拟，就可以形成一个弹性连杆，或理解为不可伸缩的油缸。

　　最终形成的整体模型如图 5-72b 所示。

　　完成系统模型连接图后，将其子系统代入即可实现系统建模与仿真。

第 6 章

键合图至状态空间方程的转化

6.1 键合图转化为数学模型

在系统建模中，数学模型有两种形式：一是状态空间方程的形式，二是方框图的形式。在之前的章节中已经讲述了方框图的转化，本章主要阐述状态空间方程的转化过程。

需要说明的是，状态空间方程并不是微分方程表达模型的唯一方式。事实上，一些建模方法会得到更多的微分方程形式。一般来说，根据一个系统建模列写微分方程，有以下三种形式：

1）只有一个变量的微分方程。

2）建立广义坐标系应用拉格朗日方程列写的微分方程。这种方程变量一般为坐标系本身的物理量，通常有多阶微分。

3）以系统能量变量为变量的微分方程。这种方程左边为能量变量的导数，右边为初等函数形式。

图 6-1 的例子就是对同一个系统列写不同形式的微分方程，它是一个双弹簧质量系统。

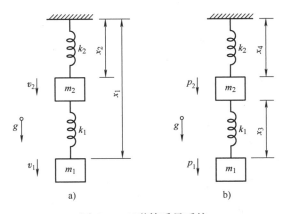

图 6-1 双弹簧质量系统

对这个问题的动态分析，理论力学中给出的方法是拉格朗日法，即选择两个质量块的位移 x_4 和 x_3 作为广义坐标系，得出的结果如下：

$$\ddot{x_3} + k_1\left(\frac{1}{m_2} + \frac{1}{m_1}\right)x_3 - \frac{k_2}{m_2}x_4 = 0$$

$$\ddot{x_4} - \frac{k_1}{m_2}x_3 + \frac{k_2}{m_2}x_4 = g \tag{6-1}$$

而如果将能量变量作为变量，就会有四个变量。观察这个系统，其中属于储能元件的实际上就是两个质量块和两个弹簧，因此对应的能量变量为两个动量和两个位移，这样得出的微分方程如下：

$$\dot{p_1} = -k_1 x_3 + m_1 g$$

$$\dot{p_2} = k_1 x_3 - k_2 x_4 + m_2 g$$

$$\dot{x_3} = \frac{p_1}{m_1} - \frac{p_2}{m_2}$$

$$\dot{x_4} = \frac{p_2}{m_2} \tag{6-2}$$

根据第 2 章中对于状态空间方程的论述，不难看出，这种形式的微分方程组，正好满足状态空间方程的形式。

后面的章节会说明，通过键合图方法得出的是第三种形式的微分方程组。与前面两种形式相比，该结果最大的好处在于这种形式与现代系统论，也就是状态空间方程形式是无缝对接的。现代系统论的各种理论均可应用，而更进一步的微分方程数值解法也可以直接使用，计算机仿真也极其容易实现。

6.2 键合图的增广

增广指的是给键合图加因果划。因为没有加因果划的键合图并不是确定的数学模型，所以需要增广。虽然键合图结构已经完成，但因果关系没有确定，而在微分方程组和方框图中，这是必须确定的。

因果划的基本规则在第 3 章已经介绍过，但仅限于单个元件的基本规则，在本节中将介绍多个元件组合形成的键合图整体的因果划标注规则。

无论如何复杂的系统键合图，每个键的因果划都必须满足其两端元件的因果关系要求。如果一个系统无法满足这个要求，则该系统必定有不合理的物理含义，如图 6-2 所示。

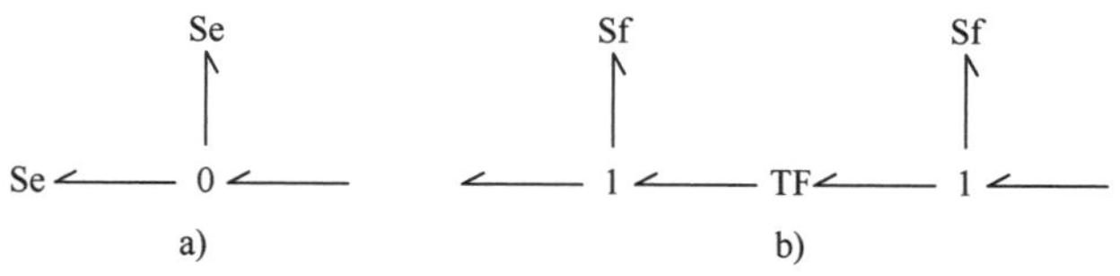

图 6-2a 中有两个势源，连接同

图 6-2   不合理的键合图

一个 0 结，这样的结构会没有办法画出满足所有元件要求的因果划。图 6-2b 所示为一个 TF 元件连接两个流源，同样也是无法进行增广的键合图。这些都是不存在的系统，如模型中出现此类结构，应检查建模过程中的错误。

1. 因果关系的标注步骤

因果划的标注主要分为三个主要阶段：源的指定和传播，I、C 元件的指定和传播，R 元件的指定和传播。

在某个键的因果划确定后，根据二、三通口的因果规则，有时可进一步确定其相邻的键的因果划，根据"能定则定"原则确定其他键的因果划，称为传播。所谓"指定和传播"即为此意。

因果关系的标注可以按图 6-3 所示的步骤进行。

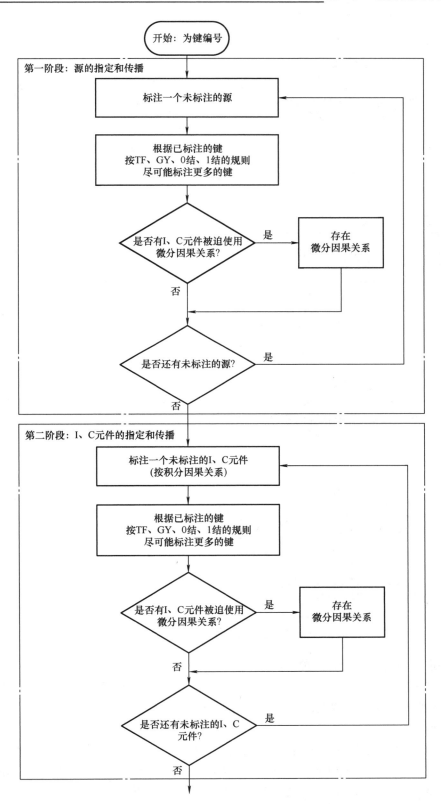

图 6-3　因果关系的标注步骤

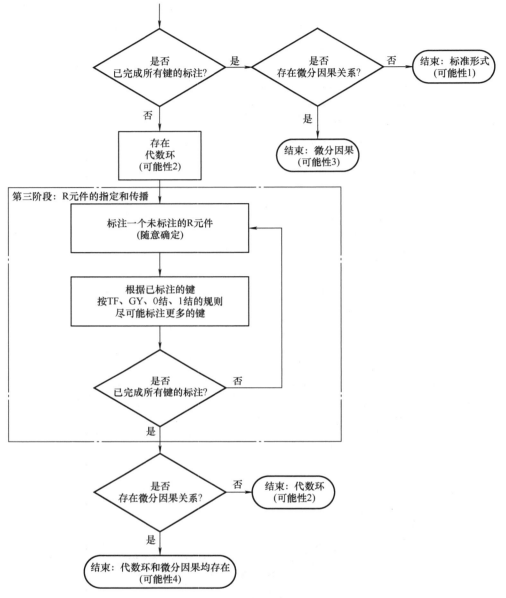

图 6-3　因果关系的标注步骤（续）

　　按这样的步骤进行标注，就会有 4 种可能性。

　　1）可能性 1。在整个标注过程中，在第一、第二阶段完成后，即完成整个增广工作，所有 R 元件的因果划指定没有随意性，且没有出现 I、C 元件被迫使用微分因果关系的情况。这类情况称作标准形式。

　　2）可能性 2。当源和所有 I、C 元件的指定完成，且通过其他二、三通口元件传播后，依然有键未完成指定，也就是必须进入第三阶段。这时需要随意指定至少一个 R 元件的因果关系，才能完成整个键合图的增广，这类情况称作代数环。这种形式在数学建模中会出现问题，后续章节将做详细介绍。

3）可能性3。在第一、第二阶段，源和I、C元件指定过程中，有I、C元件被迫使用了微分因果关系，这类情况称作微分因果。这种形式会在状态空间方程转化中出现困难，后续章节将做介绍。

4）可能性4。同时存在代数环和微分因果，这类问题最为复杂，但解决方法与可能性2、3是相同的。

2. 键合图的增广实例

例6-1 对图6-4a所示键合图进行增广。

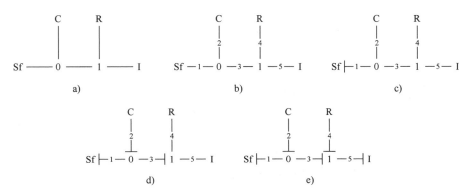

图6-4 键合图的增广实例1

首先对键进行编号。如图6-4b所示。

然后进入第一阶段，对流源Sf进行标注。该图中只有一个源。与Sf连接的1键得到标注，这里连接的是0结，因此对其没有确定的传播方法，无法继续。由于只有一个流源，因此这里已经完成了第一阶段，可进入第二阶段。此时的键合图如图6-4c所示。

对任意一个未标注的I、C元件进行标注，这里先标注2键连接的C元件。根据积分因果原则，2号键的因果划位于C的远端。

接下来进行传播尝试。与C连接的0结得到了确定的势入接口，因此，3号键的因果划得到了传播。这里其连接0结，可传播至3键。

再对3键进行传播尝试。其右端连接1结，没有确定结果，无法继续。此时的键合图如图6-4d所示。

接下来是下一个I、C元件的标注，即键5的I元件。积分因果下其因果划位于近端。

再进行传播尝试。这里5键连接1结，可传播至4键。

至此已经全部标注完毕，结果如图6-4e所示。

可以看到，整个标注过程仅涉及第一和第二阶段，而且没有出现微分因果。因此该键合图的增广属于标准形式（可能性1）。

例6-2 对图6-5a所示键合图进行增广。

首先对键进行编号，如图6-5b所示。

然后进入第一阶段，对Se进行标注。图中有3个源，分别为1、2、3号键。

尝试传播，这里1、2、3号键连接的是1结，均没有确定结果，无法继续。所有Se已检查完成，因此可进入第二阶段。

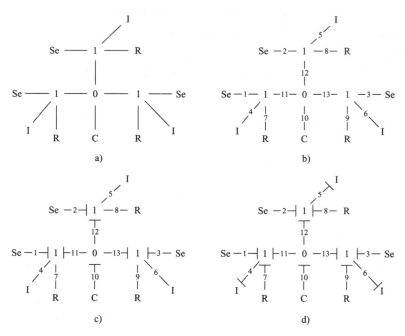

图6-5　键合图的增广实例2

对任意一个I、C元件进行标注，这里先标注10号键的C。尝试传播，这个C连接0结，可传播至11、12、13键。这三个键均连接1结，且都还剩两个未标注键，均没有确定结果，无法继续，传播完成，如图6-5c所示。

接下来是下一个I、C元件的标注，这里选择的是键4的I。与其连接的1结立即获得确定性，传播至7。同理，标注5键的I，可传播到8键；标注6键的I，可传播到9键。

至此已经全部标注完毕，结果如图6-5d所示。同样的，这个实例也是标准形式（可能性1）。

例6-3　对进行增广图6-6a所示键合图。

首先对键进行编号，如图6-6b所示。

然后进入第一阶段，对Se进行标注。图中有两个源，即1、2号键。

尝试传播，这里1、2号键连接的是1结，均没有确定结果，无法继续。所有Se已检查完成，因此进入第二阶段，如图6-6c所示。

对任意一个I、C元件进行标注，这里先标注3的C。尝试传播，这里的C连接0结，可传播至9、10键。9连接1结，其只剩一个未定键8，故其也可确定。10连接TF可确定11。11连接1结，无确定结果，无法继续。至此传播结束。

接下来是下一个I、C元件的标注，这里选择的是键4的C。与其连接的1结无确定性，无法传播，如图6-6d所示。

下一个I、C元件的标注选择的是5的I，与其连接的1结终于获得确定性，传播至键6、7。

至此已经全部标注完毕，如图6-6e所示。这个例子也是标准形式（可能性1）。

上面举了三个实例，都是可能性1。在讨论可能性2、3之前，因为可能性2、3会对状态空间方程的转化产生影响，故有必要先介绍状态空间转化的过程。

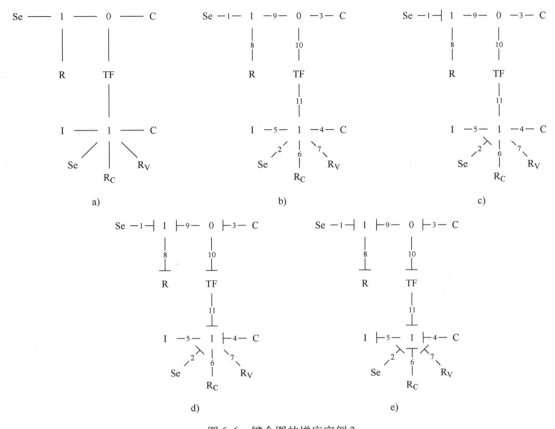

图 6-6　键合图的增广实例 3

3. 状态空间方程的转化

在键合图完成增广后，就可以进行键合图向状态空间方程的转化。转化的方法并不复杂，应注意以下几点：

1）所有状态变量即为键合图中储能元件的能量变量。

储能元件也就是系统中存在的 I、C 元件，即 I 元件的 p（广义动量）和 C 元件的 q（广义位移）。

2）最终的状态空间方程具备以下标准特征：

① 方程数量与键合图中积分因果关系的 I、C 元件的总数相同。

② 每个方程左边为一个 p 或 q 的一阶导数。

③ 每个方程右边为各种系数、p、q 和输入变量组成的初等函数式。

不难看到，这样的特征可以转换为状态空间矩阵，与现代系统论无缝对接。

例 6-4　对例 6-1 的结果进行状态空间方程转化。

需要说明的是，键合图转化为数学模型有两个前提：所有因果划均已标注；所有键均带半箭头。因此根据图 6-4e，在图 6-7 中已经加入了半箭头。加半箭头的规则在第 3 章中已经介绍，此处不再赘述。

下面开始列写状态空间方程。

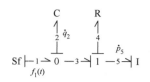

图6-7 状态空间方程转化实例1

首先需要确定的是状态变量。可以看到，图6-7中储能元件有两个，因此能量变量有两个，一个是p_5，一个是q_2。

注意，在本节的论述中，用e、f、p、q带下标编号来表示键上的变量，如2号键上的广义位移，就用q_2表示。同时，用R、C、I带下标编号表示该编号键对应的R、C、I元件的模型系数，如用R_4表示4号键连接的R元件的系数，也就是满足关系式：

$$e_4 = f_4 R_4 \tag{6-3}$$

然后确定输入变量。这里的源只有一个，因此输入也只有一个，即f_1。这里为了表示其与其他变量的不同，用t函数表示为$f_1(t)$。

接下来开始列写方程。列写时从状态变量对应的键开始，这里先从q_2开始。

首先可写：

$$\dot{q}_2 = f_2 \tag{6-4}$$

为了使得右端符合要求，需要对变量进行替换，替换规则按多通元件公式进行。本例的f_2可按0结的公式进行，这时需要注意的是，半箭头的方向会决定正负号。因为

$$f_1 - f_2 - f_3 = 0 \tag{6-5}$$

所以替换后的方程为

$$\dot{q}_2 = f_1 - f_3 \tag{6-6}$$

可以看到，f_1是输入，因此可以保留，将其改写为$f_1(t)$。f_3还需进一步替换。观察其连接的1结，可以看到f_3的来源为5号键。$f_3 = f_5$，将f_3替换为f_5后，则

$$\dot{q}_2 = f_1(t) - f_5 \tag{6-7}$$

在替换变量寻找最终答案的过程中，如果是流遇到0结或势遇到1结，则进行求和，分解为多个项的加减；而如果是势遇到0结或流遇到1结，则应寻找那个来源的方向的键，也就是该结对应的那个特有因果划键上的变量。

5号键连接的是I元件，这表示其可替换为能量变量p_5的关系式，因为

$$f_5 = \frac{p_5}{I_5} \tag{6-8}$$

注意，这里假设所有元件为线性元件。如果是非线性元件，则p_5和f_5的关系应用某个独特的函数表示，依然可以求解。

将式（6-8）代入式（6-7）中，有

$$\dot{q}_2 = f_1(t) - \frac{p_5}{I_5} \tag{6-9}$$

这样就完成了第一个方程的列写。可以看到，方程左边为一阶导数，右边为初等多项式，其中没有功率变量，满足状态方程的特征。

接下来以p_5的键为出发点列写第二个方程。

$$\dot{p_5} = e_5 = e_3 - e_4 \tag{6-10}$$

这个两项相减同样是按 1 结的势量求和规则得出的，需注意半箭头方向和符号的关系。

式(6-10) 中 e_3、e_4 都需要进行替换。可以看到，e_4 连接阻性元件，因此可以替换成 f_4，也就是

$$\dot{p_5} = e_3 - f_4 R_4 \tag{6-11}$$

然后寻找决定 f_4 的量，同样通过 1 结唯一的流连接寻找，也就是 f_5。将式(6-8) 代入式(6-11)，有

$$\dot{p_5} = e_3 - \frac{p_5}{I_5} R_4 \tag{6-12}$$

再看 e_3。同样的，其连接 0 结，观察发现势来源于 2 号键，因此应将 e_3 替换为 e_2。由于 e_2 连接的是 C 元件，因此符合

$$e_2 = \frac{q_2}{C_2} \tag{6-13}$$

这样就可以完成第二个方程：

$$\dot{p_5} = \frac{q_2}{C_2} - \frac{p_5}{I_5} R_4 \tag{6-14}$$

可以看到，方程的列写起源于能量变量一阶导数，也就是 p 变成 e，或者 q 变成 f。然后通过其连接的 1 结或 0 结，或是转化为其他键的 e、f 的加减关系，或是溯源。

方程推导的关键技巧在于追溯。追溯方法是根据 0 结、1 结的唯一键，寻找到决定者的方向。比如本例中，f_4 应追溯至 f_5，e_3 应追溯至 e_2，这样可以很快找到其决定者并列出正确的方程。而这个过程一旦追溯到 C 或 I 元件，就可以转化为 p 或 q，并结束追溯。

这个列写过程实际就是对整个系统中能量传输过程的形象演绎。对于标准形式的键合图，这个追溯过程会应用到整个键合图中每个元件的关系式。

不难看出，最终结果可以列写成为状态空间矩阵的标准形式。例如，本例可列写为

$$\begin{pmatrix} \dot{q_2} \\ \dot{p_5} \end{pmatrix} = \begin{bmatrix} 0 & -\dfrac{1}{I_5} \\ \dfrac{1}{C_2} & -\dfrac{R_4}{I_5} \end{bmatrix} \begin{pmatrix} q_2 \\ p_5 \end{pmatrix} + \begin{pmatrix} 1 \\ 0 \end{pmatrix} f_1(t) \tag{6-15}$$

例 6-5 将例 6-3 的结果转化为状态空间方程。

根据图 6-6e，在图 6-8 中已经加了半箭头。

注意，在图 6-8 中，将 TF 元件的公式直接标注在了元件旁。这是一个良好的习惯，因为 TF 元件的模数运算往往容易混淆。在实际建模中，这类运算的公式在物理系统中往往是显而易见的（如齿轮是加速还是减速是很明显的），但在物理系统转为键合图模型后会变得抽象，难以理解。键合图建模过程中若保留这些公式在图中，则会方便后期的进一步工作。

首先观察，图 6-8 中包括的 I、C 类元件有 3 个，分别是：q_3、q_4、p_5。源有两个，因此输入变量有两个：$e_1(t)$ 和 $e_2(t)$。

然后从 q_3 开始。将 q_3 替换为 f_3 后，首先是 0 结，因此用加和关系。按照半箭头方向确定正负号后，有

$$\dot{q_3} = f_3 = f_9 - f_{10} \tag{6-16}$$

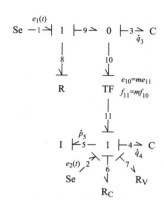

图 6-8　状态空间方程转化实例 2

f_9 来源于左边的 1 结，追溯应寻找 f_8。f_8 连接 R 元件，因此将 f_8 替换为 e_8，有

$$f_9 = f_8 = \frac{e_8}{R_8} \tag{6-17}$$

e_8 又连接 1 结，这次要用加和关系，将其换为 1 和 9 的势。而 1 的势是输入，所以可不用再替换。问题变为 e_9，e_9 来自 0 结，所以追溯至 e_3。e_3 对于 C 元件，可转为 q_3，终于结束。推导公式为

$$e_8 = e_1 - e_9 = e_1(t) - e_3 = e_1(t) - \frac{q_3}{C_3} \tag{6-18}$$

将式（6-18）、式（6-17）代入到式（6-16），有

$$\dot{q_3} = \frac{e_1(t) - \dfrac{q_3}{C_3}}{R_8} - f_{10} \tag{6-19}$$

下面来替换 f_{10}。从图 6-8 中可以看到，这次要通过 TF 从下半部分寻找。利用图中 TF 的公式将 f_{10} 替换为 f_{11}：

$$f_{10} = \frac{f_{11}}{m} \tag{6-20}$$

f_{11} 连接 1 结，其追溯为 f_5。这是一个 I 元件，所以可将其转为 p_5，有

$$f_{10} = \frac{f_5}{m} = \frac{p_5}{I_5 m} \tag{6-21}$$

终于解决所有变量，将式（6-21）代入式（6-19），得

$$\dot{q_3} = \frac{e_1(t) - \dfrac{q_3}{C_3}}{R_8} - \frac{p_5}{I_5 m} \tag{6-22}$$

这样就完成了第一个方程的列写。

接下来看 q_4：

$$\dot{q_4} = f_4 = f_5 = \frac{p_5}{I_5} \tag{6-23}$$

第二个方程的列写较为简单。

然后看 p_5：

$$\dot{p_5} = e_5 \tag{6-24}$$

这里要用到求和公式，这个 1 结连接的键很多，因此要特别注意正负号。可先写出求和公式：

$$-e_5 + e_2 - e_6 - e_7 - e_4 + e_{11} = 0 \tag{6-25}$$

半箭头中，只有 2 和 11 键指向 1 结，其他键都向外。因此只有 2 和 11 是正，其他都是负。

根据这个求和式替换微分式中的 e_5，有

$$\dot{p_5} = e_2 - e_6 - e_7 - e_4 + e_{11} \tag{6-26}$$

不管多少项，处理方法都一样，逐个进行即可。e_2 是输入，可保留。e_6 连接 R 元件，可转为 f_6。f_6 溯源为 f_5，遇到 I 元件，转为 p_5，结束，推导公式为

$$e_6 = f_6 R_6 = f_5 R_6 = \frac{p_5}{I_5} R_6 \tag{6-27}$$

e_7 与 e_6 的推导完全相同。e_4 连接 C 元件，可转为 q_4，则

$$e_7 = \frac{p_5}{I_5} R_7 \tag{6-28}$$

$$e_4 = \frac{q_4}{C_4} \tag{6-29}$$

最后是 e_{11}。第二次遇到 TF 元件，直接应用公式转为 e_{10}。0 结追溯到 e_3。前面已介绍，可将其转为 q_3，结束。推导公式为

$$e_{11} = \frac{e_{10}}{m} = \frac{e_3}{m} = \frac{q_3}{C_3 m} \tag{6-30}$$

将式（6-27）～式（6-30）代入式（6-26），得到结果：

$$\dot{p_5} = e_2(t) - \frac{p_5}{I_5}(R_6 + R_7) - \frac{q_4}{C_4} + \frac{q_3}{C_3 m} \tag{6-31}$$

这样就完成了第三个方程的列写。

至此该图已转为状态空间方程，可以看到有三个状态空间方程，这是因为本例有三个能量变量。

同样的，本例也可写为矩阵形式：

$$
\begin{pmatrix} \dot{q_3} \\ \dot{q_4} \\ \dot{p_5} \end{pmatrix} =
\begin{pmatrix} -\dfrac{1}{R_8 C_3} & 0 & -\dfrac{1}{mI_5} \\ 0 & 0 & \dfrac{1}{I_5} \\ \dfrac{1}{mC_3} & -\dfrac{1}{C_4} & -\dfrac{R_6 + R_7}{I_5} \end{pmatrix}
\begin{pmatrix} q_3 \\ q_4 \\ p_5 \end{pmatrix} +
\begin{pmatrix} \dfrac{1}{R_8} & 0 \\ 0 & 0 \\ 0 & 1 \end{pmatrix}
\begin{pmatrix} e_1 \\ e_2 \end{pmatrix} \tag{6-32}
$$

可以看到，系统矩阵的行列数等于能量变量的数量，也就是状态变量的数量。输入矩阵的行数也等于状态变量的数量，而列数等于输入变量的数量。

以上介绍了如何将键合图转化为状态空间方程。读者可多加练习，以掌握这种方法。不过，之前提到在键合图增广时有四种可能性，以上这些过程在第一种可能性（标准形式）

下是不存在任何问题的。但如果在增广时遇到了第二种和第三种可能性，甚至第四种可能性，则状态空间方程的转化就不会如此顺利了。

6.3 代数环和微分因果关系

1. 代数环

例 6-6 如图 6-9 所示，这是一个平动机械系统，这个系统并不复杂，其建模流程在第 4 章中已有论述，这里不再叙述。需要注意的是，假设中间的薄板 m' 的质量很小，可以忽略不计。对这个机械系统进行建模，得到的键合图如图 6-10 所示。

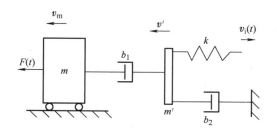

图 6-9　代数环的机械系统实例

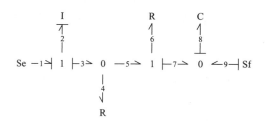

图 6-10　机械系统实例的键合图模型

可以看到，在所有 I、C 元件标注完成后，依然有 4、5、6 三个键没有确定。也就是按因果关系的标注步骤必须进入第三阶段。

在这样的情况下，可以先随意指定一个键，比如 4 键指定为图 6-11 所示的形式，于是所有键都可以确定。

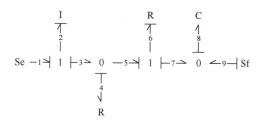

图 6-11　机械系统实例的键合图模型增广

这会产生什么问题呢？下面尝试列写状态空间方程。

图 6-11 中有两个储能元件，对应的分别是 p_2 和 q_8。输入有两个，分别是 $e_1(t)$ 和 $f_9(t)$。从 p_2 开始，需要确定 e_1 和 e_3。1 是输入，e_3 追溯到 e_4，则推导公式为

$$\dot{p}_2 = e_2 = e_1(t) - e_3 = e_1(t) - e_4 \tag{6-33}$$

从 e_4 到 R 元件，将其转为 f_4。f_4 遇到 0 结，将其转为 f_3 和 f_5。f_3 追溯到 f_2，将其转为 p_2，没有问题。推导公式为

$$e_4 = f_4 R_4 = (f_3 - f_5) R_4 = \left(\frac{p_2}{I_2} - f_5 \right) R_4 \tag{6-34}$$

再看 f_5，f_5 追溯到 f_6，f_6 遇到 R 元件，将其换为 e_6。e_6 又可换为 $e_5 - e_7$，而 e_7 来自 e_8，

e_8 则是由 C 元件来的，因此转成 q_8，没有问题。推导公式为

$$f_5 = f_6 = \frac{e_6}{R_6} = \frac{e_5 - e_7}{R_6} = \frac{e_5 - \dfrac{q_8}{C_8}}{R_6} \tag{6-35}$$

再看 e_5，e_5 源于 e_4，这就又回到了 e_4。如果再列，就会重复之前的过程，这是个循环，永远没办法达到状态空间方程的要求。

如果把这个因果关系用箭头在键合图中标出来，势标在键的上或左方，流标在键的下或右方，如图 6-12 所示。

这个就是键合图中的代数环现象，只要流程进入了第三阶段，出现 R 元件需要随意确定因果划的情况，就一定会出现代数环。

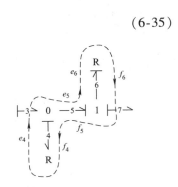

图 6-12　机械系统实例中的代数环

那么遇到代数环怎么办呢？从本质上讲，代数环现象代表了一种隐式方程，求解隐式方程就可以解决。

单独拿出 e_4 的推导公式

$$e_4 = f_4 R_4 = (f_3 - f_5) R_4 = \left(\frac{p_2}{I_2} - f_5 \right) R_4 = \left(\frac{p_2}{I_2} - \frac{e_4 - \dfrac{q_8}{C_8}}{R_6} \right) R_4 \tag{6-36}$$

第二个 e_4 出现在了等式右边，并且除了 e_4 以外其他都是标准形式，且没有别的状态变量，这样就可以将式(6-36) 看作是关于 e_4 的方程。求解 e_4 得

$$e_4 = \frac{\dfrac{R_4}{I_2}}{1 + \dfrac{R_4}{R_6}} p_2 + \frac{\dfrac{R_4}{R_6 C_8}}{1 + \dfrac{R_4}{R_6}} q_8 \tag{6-37}$$

这样就可以破解隐式方程，剩下两个状态空间方程也是如此，但列写到 e_4 即可。这样得到的两个状态空间方程为

$$\dot{p_2} = e_1(t) - e_4$$

$$\dot{q_8} = f_9 + f_7 = f_9(t) + f_6 = f_9(t) + \frac{e_4 - \dfrac{q_8}{C_8}}{R_6} \tag{6-38}$$

然后代入 e_4 的方程，可得到

$$\dot{p_2} = e_1(t) - \frac{\dfrac{R_4}{I_2}}{\left(1 + \dfrac{R_4}{R_6} \right)} p_2 + \frac{\dfrac{R_4}{R_6 C_8}}{\left(1 + \dfrac{R_4}{R_6} \right)} q_8$$

$$\dot{q_8} = f_9(t) + \frac{1}{R_6} \left[\frac{\dfrac{R_4}{I_2}}{1 + \dfrac{R_4}{R_6}} p_2 + \frac{\dfrac{R_4}{R_6 C_8}}{1 + \dfrac{R_4}{R_6}} q_8 \right] - \frac{q_8}{C_8 R_6} \tag{6-39}$$

这样就可以破解代数环。本质上，这是将隐式方程进行了显式化求解。

如果之前在随意标注因果划时，标注了另外一个方向，则同样会遇到代数环问题，区别是代数环有了一个相反的方向，如图 6-13 所示。要求解这个问题的思路跟之前的方法也相同，这里不再多加阐述。

如果图 6-9 中间的薄板 m' 质量是不可忽略的，那么键合图会如何变化呢？答案是会增加一个 I 元件，如图 6-14 所示。而这时根据因果划标注顺序，它和周边相关传播的键，就会解决之前不确定的 4、5、6 键，也就是说，加了这个薄板的质量，在增广时就不会进入第三阶段，即不会出现因果关系需要任意确定的情况。

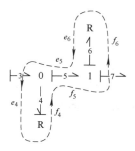

图 6-13　机械系统实例中代数环的第二种可能

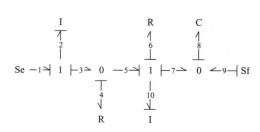

图 6-14　考虑薄板质量后不再有代数环

这是对于代数环的另一个破解思路，如果不想求解隐式方程，就可以在合适的位置插入储能元件，具体来说就是考虑一些原来不打算考虑的弹簧、质量块、液压容性等。

需要说明的是，这种方式虽然可以解决代数环问题，但并不是万能的。本质上，新的储能元件的增加，造成了问题的阶数增加，会使得模型变得更加细致的同时，也会造成问题更加复杂。而在很多场合中，不必要的复杂性也会增加计算负担。如果增加的元件具备明显的高频特征，可能会造成求解产生病态方程组，这也被称为刚性问题。这个问题会在后续章节中具体说明。

2. 微分因果关系

键合图增广还有第三种可能，就是会有元件"被迫"成为微分因果关系。

如图 6-15 所示，一个考虑其回路电感的电动机，带动一个弹性轴，驱动一个惯性飞轮旋转。其键合图模型如图 6-16 所示。

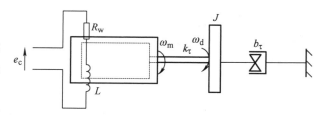

图 6-15　机电系统模型实例

这里先按积分因果确定了 3 键，而由于其连接 1 结，因此可立即传播至 1、2 和 4 键。4 键右端为 GY，又可传播至 5 键。到 0 结，又可传播至 6、7 键。这时可以看到，6 键连接了 C 元件，也就意味着这个 C 元件变成了微分因果关系。也就是说，还没到 6 键确定积分因果时，它就已经被确定成微分因果了，如图 6-16a 所示。

如果先定义 6 键，则 6 键连接 0 结就可以确定 5 键，根据 GY 可确定 4 键，而 4 键又连接 1 结，马上可确定 1 结的其他键，其中包括 3 键。3 键连接的 I 元件又被确定成微分因果，如图 6-16b 所示。

可见，有些键合图模型必然会有元件"被迫"产生微分因果关系。

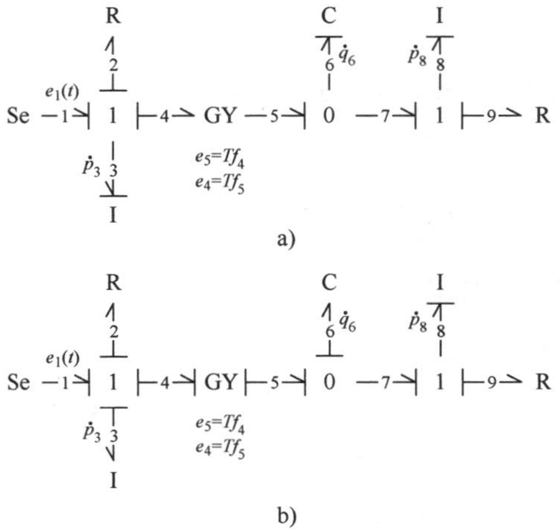

图 6-16　机电系统模型的键合图增广结果

微分因果关系会造成什么问题？以下尝试建立状态空间方程来说明。

从 3 键开始列写：

$$\dot{p}_3 = e_1(t) - e_2 - e_4 \tag{6-40}$$

1 键是输入。2 键为 R 元件，可转化为 f_2。f_2 源于 f_3，可转化为 p_3，则推导公式为

$$\dot{p}_3 = e_1(t) - f_2 R_2 - e_4 = e_1(t) - \frac{p_3}{I_3} R_2 - e_4 \tag{6-41}$$

e_4 通过 GY 追溯到 f_5，f_5 需要通过 f_6 和 f_7 确定。f_7 又追溯到 f_8，可转化为 p_8，则推导公式为

$$e_4 = Tf_5 = T(f_6 + f_7) = T\left(f_6 + \frac{p_8}{I_8}\right) \tag{6-42}$$

剩下的 f_6 就是那个微分因果。f_6 如何确定？我们只知道 $f_6 = \dot{q}_6$，其推导公式可以写为

$$\dot{p}_3 = e_1(t) - \frac{p_3}{I_3} R_2 - T\left(\dot{q}_6 + \frac{p_8}{I_8}\right) \tag{6-43}$$

然后怎么办？这就是微分因果关系带来的问题，无法直接得到想要的状态空间方程，方程右端会有微分项。这个问题解决的关键在于，微分因果关系是不独立的，是被动的，它会受到另一个元件的影响。在这个问题里，6 键微分因果是由 3 键传播过来的。也就是说，要解决这个问题需要表达两个键上的微分项的关系。

虽然写不出 $\dot{q}_6$ 的等式，但不带微分的等式却可以得出，也就是 C 元件的函数关系。实际上，还未使用这个函数关系，这应该是解决问题的突破点。C 元件的函数关系：

$$q_6 = C_6 e_6 \tag{6-44}$$

由于 e_6 是可以一路追溯到 3 键的，即

$$e_6 = e_5 = Tf_4 = Tf_3 = T\frac{p_3}{I_3}$$

$$q_6 = \frac{C_6 T}{I_3} p_3 \tag{6-45}$$

这样公式的形式就会变成 q_6 和 p_3 的关系式，然后对两边求导：

$$\dot{q}_6 = \frac{C_6 T}{I_3} \dot{p}_3 \tag{6-46}$$

这样就可以有 q_6 求导的表达式。可将式（6-46）代入式（6-43）中替换掉 $\dot{q}_6$，这样就可以得到

$$\dot{p}_3 = e_1(t) - \frac{p_3}{I_3} R_2 - T \left(\frac{C_6 T}{I_3} \dot{p}_3 + \frac{p_8}{I_8} \right) \tag{6-47}$$

两边都有 $\dot{p}_3$，这是关于 $\dot{p}_3$ 的隐式方程。虽然有点烦琐，但可以解决微分因果的问题。求解 $\dot{p}_3$ 为显式，结果为

$$\dot{p}_3 = \frac{e_1(t)}{1 + \dfrac{C_6 T^2}{I_3}} - \frac{\dfrac{R_2}{I_3} p_3}{1 + \dfrac{C_6 T^2}{I_3}} - \frac{\dfrac{T}{I_8} p_8}{1 + \dfrac{C_6 T^2}{I_3}} \tag{6-48}$$

如果是图 6-16b 的结果，是另外一个方式确定的因果关系，则 6 键为积分，传递到 3 键为微分。同样的道理，从 p_3 追溯 q_6，然后两端求导，即

$$p_3 = I_3 f_3 = I_3 f_4 = I_3 \frac{e_5}{T} = \frac{I_3}{T C_6} q_6 \tag{6-49}$$

所以

$$\dot{p}_3 = \frac{I_3}{T C_6} \dot{q}_6 \tag{6-50}$$

这时会发现式（6-50）与式（6-46）是相同的。只是 6 和 3 两个元件谁表达谁的问题。

这次要代入的状态空间方程则是从 6 键开始的，即

$$\dot{q}_6 = f_5 - f_7 = \frac{e_4}{T} - \frac{p_8}{I_8} = \frac{e_1(t) - e_2 - e_3}{T} - \frac{p_8}{I_8} = \frac{e_1(t) - \dfrac{p_3}{I_3} R_2 - e_3}{T} - \frac{p_8}{I_8} \tag{6-51}$$

上式右边剩下的是 e_3，而 $e_3 = \dot{p}_3$。将式（6-49）和式（6-50）代入式（6-51）中，将其转化为关于 $\dot{q}_6$ 的隐式方程。求解 $\dot{q}_6$ 的结果为

$$\dot{q}_6 = \frac{\dfrac{1}{T}}{1 + \dfrac{I_3}{C_6 T^2}} e_1(t) - \frac{\dfrac{R_2}{C_6 T^2}}{1 + \dfrac{I_3}{C_6 T^2}} q_6 - \frac{\dfrac{1}{I_8}}{1 + \dfrac{I_3}{C_6 T^2}} p_8 \tag{6-52}$$

最后一个是 8 键的 I，其求解过程不会遇到困难。它的状态空间方程为

$$\dot{p}_8 = \frac{q_6}{C_6} - R_9 \frac{p_8}{I_8} \tag{6-53}$$

可以看到，这个系统最终得到的是两个状态空间方程。由于微分因果关系实际上代表该元件是"依赖"另一个元件的，微分因果的元件并不独立，因此也就没有独立的状态空间方程。虽然这个系统有三个储能元件，但实际上是二阶系统。其中有两个元件是相互依存的。

例 6-7 如图 6-17 所示，这是一个杠杆，两端连接质量块，其中一端连接弹簧。该模型的键合图增广结果（有两种可能性）如图 6-18 所示。

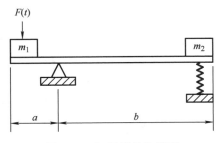

图 6-17 杠杆质量块模型

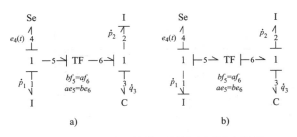

图 6-18 杠杆质量块模型的键合图增广结果

可以看到，这也是个有微分因果关系的例子。1 键和 2 键都连接 1 结，通过 TF 连接，在这种情况下 1 键和 2 键必然会有一个"被迫"成为微分因果。

有了例 6-6 的分析经验，我们可以直接优先解决这个问题。以 1 键为微分因果为例，解决方法也是从 1 键的能量变量追溯到 2，即

$$p_1 = I_1 f_1 = I_1 \frac{a}{b} f_6 = \frac{I_1}{I_2} \frac{a}{b} p_2 \tag{6-54}$$

然后对式两边求导：

$$e_1 = \dot{p}_1 = \frac{I_1}{I_2} \frac{a}{b} \dot{p}_2 \tag{6-55}$$

再推导 p_2 的状态空间方程：

$$\dot{p}_2 = e_6 - e_3 = \frac{a}{b} e_5 - \frac{q_3}{C_3} = \frac{a}{b} \left[e_4(t) - \dot{p}_1 \right] - \frac{q_3}{C_3} \tag{6-56}$$

这样就可以代入微分关系式，得出结果：

$$\dot{p}_2 = \frac{\dfrac{a}{b}}{1 + \dfrac{I_1}{I_2}\left(\dfrac{a}{b}\right)^2} e_4(t) - \frac{\dfrac{1}{C_3}}{1 + \dfrac{I_1}{I_2}\left(\dfrac{a}{b}\right)^2} q_3 \tag{6-57}$$

另一个状态空间方程则十分容易：

$$\dot{q}_3 = \frac{p_2}{I_2} \tag{6-58}$$

可以看到，本例同样为两个状态空间方程。虽然系统中有三个储能元件，但实际为二阶系统。观察最初的物理系统，也不难发现这个规律，由于两个质量块通过杠杆刚性连接，其惯性本质实际上是一体的，所以两个质量块的惯性元件必然是相互依存的。

回顾例 6-6，可以通过插入储能元件来改变键合图结构，从而破解代数环。那么微分因果的问题是不是同样可以这样解决呢？答案是肯定的。例 6-7 中，若假设这个杠杆是弹性的，两边的转角会产生一定的角度差，那么模型会如何变化呢？

如果用图形表示，则这个杠杆系统的模型如图 6-19 所示。

这样相当于在原来的系统中加入了一个 C 元件，如图 6-20 所示。图中，6、7 键都是转动机械变量，f_6 代表的是 m_1 质量块对应杆的转速，f_7 代表的是 m_2 质量块对应杆的转速。可认为中间有一个旋转型弹簧，这也就意味着两边的杆可以接受转速不一样的情况，这个元件加入后，就不会再出现微分因果关系。

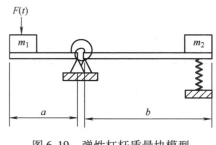

图 6-19 弹性杠杆质量块模型

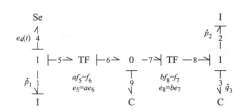

图 6-20 加入弹性杠杆后的键合图模型

关于可能性 4，也就是同时存在微分因果和代数环的情况，它的解决方法与前述方法并无差异，因此不做更多说明。

3. 寄生元件的优点和缺点

可以看到，代数环和微分因果关系可通过求解隐式方程解决。代数环通过代入一层环进行求解，微分因果则通过溯源其影响的能量变量建立方程并对式两边求微分求解。在实际工程中，多数情况还是通过插入一些元件来解决。因为实际应用往往尝试能够一般化和模块化的方式，并开发相应的软件系统，所以插入元件的思路适用性更强。这类插入元件又被称为寄生元件。

加入寄生元件虽然可以免去方程中的麻烦，但并不是万能的。寄生元件是用来破解代数环或微分因果问题的，其方法本质上是改变了键合图的结构。而通常在建模中加入寄生元件，实际上是加入了系统中原本并不需要考虑的因素。例如，例 6-7 中，杠杆上的弹簧实际上表征了杠杆本身的弹性。如果这个杠杆十分坚硬，刚度很高，那么杠杆本身的弹性应该是不加以考虑的。而现在加入了这个弹性的表达，要与实际系统吻合，就只好将这个弹性设为刚度系数十分高的一个数值。例 6-6 中，如果质量块非常小，原本是不应考虑的，但却因要解决代数环问题不得不考虑，则必须将质量设为一个很小的数值。

虽然新的系统求解理论上没有错误，但在实际计算机求解过程中会产生新的问题。关于这一点将在第 7 章中进行更加详细的论述。

第 7 章

数学模型的仿真求解

至此我们可以将物理系统转化为数学模型。在键合图理论的帮助下，转化过程变得更加规范且不宜出错。

本书中的数学模型特指方框图或状态空间方程形式的模型。而到求解时，状态空间方程问题是由微分方程求解的，方框图中涉及的微分环节也必须通过微分方程求解。因此接下来将介绍如何求解微分方程。

7.1 常微分方程的数值解法

要了解常微分方程的数值解法，先要了解我们要解决什么问题，我们要的结果又是什么。

微分方程和普通方程不同，普通方程的求解结果是一个或多个数字，而微分方程的求解结果则是一条或多条曲线。通俗地讲就是：求解结果还是个方程，只是其中不再有微分环节而已。

但是微分方程本身在高等数学中并没有通用的解法，只能针对一些特定的方程形式进行求解。而实际应用中，方程的形式往往是多种多样的，能够得到解析精确解的情况十分罕见。因此就催生了应用数学领域发展数值求解方法。

当前应用数学研究为工程师提供的数值解法可以做到以下两点：

1）离散形式的解。

2）离散点不是精确解，而是近似解。但是近似的精度级别可以得知。

事实上，能做到这两点已经足够工程应用。也就是说，微分方程数值求解出来的并不是方程，因为精确的解无法表述，所以微分方程的求解结果是离散的近似解，具体形式一般为数据表格。

例如：一个两列多行的表格，两列分别代表 x、y。表格形式代表的不是一条直线，而是若干个点，而这些点连在一起形成的线与其精确解有极高的相似度。这是数值求解能做到的程度。

1. 一阶常微分方程的初值问题

我们已经知道，通过键合图的转化可以得到状态空间方程形式的数学模型。而这种"左边一阶导，右边没有导"的方程形式，在应用数学的数值分析中有另外一个名词来表达，称为一阶常微分方程的初值问题其表达形式如下：

$$\begin{cases} \dfrac{\mathrm{d}y}{\mathrm{d}x} = f(x, y), \; x \in [a, b] \\ y(a) = y_0 \end{cases} \tag{7-1}$$

只要函数 $f(x, y)$ 在 $[a, b]$ 上连续，且关于 y 满足利普希茨条件，则上述初值问题存在唯一解。

对于实际工程问题，物理系统转化得来的状态空间方程无一例外满足利普希茨条件，有唯一解。而初值问题有两个特点：①方程是微分方程，左边一阶导，右边无导；②有初值。不难看到，这两个特点正好符合状态空间方程形式。同时，初值问题也一定是已知条件，实际问题必然有初值（状态变量的初始值）。

事实上，一阶常微分方程的初值问题就是出自系统状态空间方程这样的实际问题的求解需求，而数学家们就在这个基础上进行了研究，并结合计算机计算的特征给出了答案。

2. 数值解法结果的形式

通过数值解法得到的结果会是一个数据表，见表7-1。

表 7-1 数值解法的结果数据表

时间/s	势量 1	流量 1	势量 2	流量 2
0.00	0	0	1	−0.35496
0.02	1	0.1	1	−0.37243
0.04	1	0.195	1	−0.38549
0.06	1	0.28425	1	−0.39416
0.08	1	0.367088	1	−0.39855

因为是数值解，所以能得到的一定是离散解。也就是说，所有的列包括时间和所有的键上传输的能量值。每一行代表每一个时间点的所有物理量的数值，每一列代表每个物理量随时间的变化过程。如果将时间作为横轴，物理量作为纵轴，那么可以得到物理量的"时域"曲线。

可以看到，在数学模型里，大量微分方程求解之后可以得出随时间变化的许多物理量。如果得出一些与几何相关的物理量，例如某个坐标方向的位移，再用某种形象的方式（如动画），在时间线演示出来，就会得出十分生动的结果。这大概也是将这种求解称为仿真（simulation）的原因。因此这类模型也可称为仿真模型。

需要说明的是仿真是较为广义的概念，由于大量学科领域广泛使用这个名词，现在的仿真一词不是仅限于系统性能的仿真。例如，有限元方法也被称为仿真；再比如离散元、元胞自动机、格子博尔兹曼等方法，一般也被称作仿真。

而系统性能的仿真中，只有机构仿真是有几何概念并可以做出动画演示的，而更多的传动环节仿真并没有几何维度的概念，其结果往往只能用数据表格和曲线图的形式呈现。

3. 数值解法的基本原理

常微分方程数值解法一般采用迭代方法，有单步法和多步法两类。这里只介绍广泛应用的单步法，更多内容可参考数值分析的相关文献。

数值解法的基本原理是通过当前的解去预测下一步的解，每一步都执行同样的程序，也就是用 x_n、y_n 来计算 y_{n+1}。有些方法会用到下一步的 x_{n+1}（如时间）。

数值解法有许多种，在数值分析中有详细介绍，其中许多方法已编入商业软件。这里仅介绍两种最常见的方法。

（1）欧拉法 欧拉法是最简单的数值解法。其递推公式如下：

$$y_{n+1} = y_n + hf(x_n, \ y_n) \tag{7-2}$$

这里给出一种欧拉法公式的推导过程。将点 $y(x_n + h)$ 在点 x_n 做泰勒展开：

$$y(x_n + h) = y(x_n) + hy'(x_n) + \frac{h^2}{2!}y''(x_n) + \cdots \tag{7-3}$$

忽略高阶项，取近似值可得到欧拉法公式。

不难看出，这是一种迭代方法，每计算一次为一步，下一步用前一步的结果。

（2）龙格库塔公式 欧拉法虽然简单易用，但存在精度较低的问题。数学家们尝试通过在每个步长区间 $[x_n, \ x_{n+1}]$ 内，多估计几个点的数值，记为 k_i，并用其加权平均值和步长的乘积，作为 y 值增加量的近似值，从而构造出具有更高精度的计算公式。通过这一思路得出的提高精度的公式，称为龙格库塔公式。

理论方面，龙格库塔公式可以覆盖更高精度的所有显式单步法。根据工程实践，其中最常用的是龙格库塔4阶标准型公式：

$$\begin{cases} y_{n+1} = y_n + h\left(\dfrac{1}{6}k_1 + \dfrac{1}{3}k_2 + \dfrac{1}{3}k_3 + \dfrac{1}{6}k_4\right) \\ k_1 = f(x_n, \ y_n) \\ k_2 = f\left(x_n + \dfrac{1}{2}h, \ y_n + \dfrac{1}{2}hk_1\right) \\ k_3 = f\left(x_n + \dfrac{1}{2}h, \ y_n + \dfrac{1}{2}hk_2\right) \\ k_4 = f(x_n + h, \ y_n + hk_3) \end{cases} \tag{7-4}$$

式(7-4) 有以下特点：

1）若要算下一个点的 y，需要先计算 k_1、k_2、k_3 和 k_4 四个点。

2）这四个点中，k_1 可直接计算，k_2 会用到 k_1，k_3 会用到 k_2，k_4 会用到 k_3。每个点会用到它前一个点。

3）最终加权求和乘以步长后，可作为前一个 y 的增加值，得出新的 y。这就是迭代算法。

龙格库塔向下兼容，低阶为欧拉法和改进欧拉法。龙格库塔4阶标准型公式可以达到4阶精度，欧拉法仅有1阶精度。

数学上对误差与精度的定义中，有局部截断误差的概念。为了简化分析某常微分方程数值算法的误差，现假设 $y_n = y(x_n)$，在前一步 y_n 准确的前提下，估计误差：

$$E_{n+1} = y(x_{n+1}) - y_{n+1} \tag{7-5}$$

称上述误差 E_{n+1} 为该常微分方程数值算法的局部截断误差。而若某算法的局部截断误差为

$$E_{n+1} = O(h^{p+1}) \tag{7-6}$$

则称该算法有 p 阶精度。

对某个数值算法精度的判断，一般是利用泰勒展开，再比较算法与展开式的前几项得出。

迭代计算是计算机求解方程的重要方法，微分方程的数值解法也是迭代法，优化同样是迭代法。

4. 微分方程求解过程在计算机中的应用

可以看到，微分方程求解过程在计算机中即为，每一步根据前一步的所有变量计算下一步的变量。也就是在数据表中，一行一行地填写数值。

对于系统建模得出的结果来说，每一行是一个时间点，所以计算过程对每行的推算就相当于时间不断向前推进的过程。这个过程很像一个人在向前走路，而每个时间的间隔就是步长。

事实上，微分方程求解的关键问题主要是步长的选取。而在整个求解过程中，步长不变的求解过程，被称为定步长仿真。

由于步长的确定因问题而异，因此数学家提供了一种步长可变的思路，这种方法应用后，就有了变步长仿真。由于变步长仿真已经大量应用于实际的工程软件，不少研究人员甚至忽略了步长是仿真中最重要的问题。变步长方法确实可以简化很多问题，但变步长并不是万能的，因此这里需要对变步长方法以及刚性问题，做进一步说明。

5. 变步长的龙格库塔方法

变步长方法基于一个数值分析中广泛应用的思路，即理查森外推加速。

根据局部截断误差的定义，如果通过步长 h 进行计算，$y(x_{n+1})$ 的近似值为 y_{n+1}^h，由于四阶龙格库塔方法的精度为 4 阶，所以局部截断误差为

$$E_{n+1} = y(x_{n+1}) - y_{n+1}^h \approx c_n h^5 \tag{7-7}$$

如果步长是 $h/2$，经过两步计算得到的 $y(x_{n+1})$ 的近似值为 $y_{n+1}^{h/2}$，则通过两步计算后的局部截断误差为

$$E_{n+1} = y(x_{n+1}) - y_{n+1}^{h/2} \approx 2c_n\left(\frac{h}{2}\right)^5 \tag{7-8}$$

于是有

$$\frac{y(x_{n+1}) - y_{n+1}^{h/2}}{y(x_{n+1}) - y_{n+1}^h} \approx \frac{2c_n\left(\dfrac{h}{2}\right)^5}{c_n h^5} = \frac{1}{16}$$

$$y(x_{n+1}) - y_{n+1}^{h/2} \approx \frac{1}{15}(y_{n+1}^{h/2} - y_{n+1}^h) \tag{7-9}$$

式（7-9）可通俗解释为，一步到位的计算结果与两步到位的计算结果求差后除以 15，约为两步到位的计算结果的截断误差。

由于在实际计算中无法计算出精确解，因此这种通过对比两次计算确定实际误差的方法，具有极强的实际意义。这种思路称为事后误差估计。几乎所有的动态仿真软件求解微分方程都是使用这个方法来控制精度，即

$$\Delta = \left| \frac{1}{15}(y_{n+1}^{h/2} - y_{n+1}^h) \right| \tag{7-10}$$

程序中，可以由用户设定的精度要求为 ε，则 $y(x_{n+1})$ 可按如下流程计算：

1）如果 $\Delta > \varepsilon$，则将步长减半重新计算，该过程可反复，直至 $\Delta < \varepsilon$，取最终得到的 $y_{n+1}^{h/2}$ 作为 $y(x_{n+1})$ 的近似值。

2）如果 $\Delta < \varepsilon$，则将步长加倍重新计算，该过程可反复，直至 $\Delta > \varepsilon$，再将步长减半一次计算，最终得到符合精度要求的 $y(x_{n+1})$ 的近似值。

变步长方法并不是万能的，因为实际中还会遇到刚性问题。

7.2　稳定性与刚性

当系统中出现"一个弹性很大的元件连接一个弹性很小的元件"，注意这里的很大和很小是指数量级差异很大，采用变步长方法就会出现一个严重的问题，即仿真步长变得十分小，运行仿真时，计算机会出现卡死的情况。这种问题被称作刚性问题。遗憾的是，刚性问题在键合图建模中是十分常见的。本质上，刚性问题并不是因为变步长带来的，而是问题本身带来的。改善和解决刚性问题，并不是靠简单地改进计算机运算速度。因为运算速度是有限的，数量级的差异却是无限的。若一个不到一分钟的动态仿真在计算机上需要运行几十个小时，那么研究员的忍耐也会达到极限。

为了深入理解刚性问题是如何产生的，这里介绍数值算法的稳定性。

1. 数值算法的稳定性

数学上对稳定性的定义是：如果在节点 y_n 上有大小为 δ 的扰动，在以后的节点 y_m 上产生的偏差均不超过 δ，则认为该方法是稳定的。

考察模型方程为

$$y' = \lambda y \tag{7-11}$$

则单步法的计算公式均可表达为

$$y_{n+1} = (1 + h\lambda)y_n \tag{7-12}$$

式中，h 为步长。

如果当前步产生了误差，那么这个误差在下一步的影响为

$$\varepsilon_{n+1} = (1 + h\lambda)\varepsilon_n \tag{7-13}$$

因此，只要保证 $|1 + h\lambda| < 1$，就可以保证误差不会在后续计算中扩大。

在数值解法中误差在后续迭代不会被扩大的性质，被称作稳定性。模型方程中的 λ 为稳定性的判断提供了一个数学依据。

以欧拉法为例，欧拉法的稳定区间为

$$y_{n+1} = y_n + hf(x_n, y_n) = y_n + \lambda h y_n = (1 + \lambda h)y_n \tag{7-14}$$

也就是说，只要 $|1 + \lambda h| < 1$ 就可以，所以稳定区间为

$$-2 < \lambda h < 0 \tag{7-15}$$

举一个简单的实例，若方程为

$$\begin{cases} y' = 100y \\ y(0) = 1 \end{cases} \tag{7-16}$$

用以下三种方法求解：

1）采用显式欧拉法，取 $h = 0.025$，则递推公式为

$$y_{n+1} = -1.5y_n \qquad (7\text{-}17)$$

2）采用隐式欧拉法，取 $h = 0.025$，则递推公式为

$$y_{n+1} = \frac{1}{3.5}y_n \qquad (7\text{-}18)$$

3）采用显式欧拉法，取 $h = 0.005$，则递推公式为

$$y_{n+1} = 0.5y_n \qquad (7\text{-}19)$$

式（7-16）的精确解为

$$y(t) = e^{-100t} \qquad (7\text{-}20)$$

如将以上三种方法以及精确解的计算结果放在同一张图上，则如图 7-1 所示。

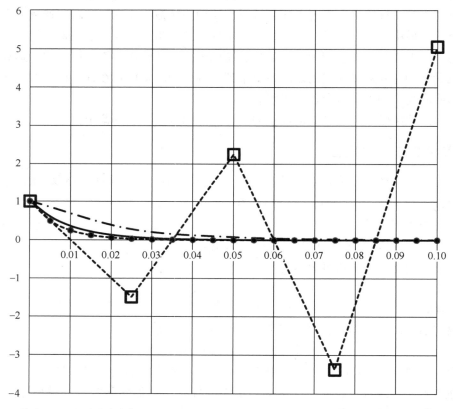

图 7-1 三种方法求解微分方程的结果

可以明显看到，$h = 0.025$ 用显式欧拉法会出现误差越来越大的问题，这是其不稳定的表现。而隐式欧拉法和步长更短（$h = 0.005$）的显示欧拉法就可以更好地贴近实际解，这其实用稳定区间判据就可以看出来。这个问题相当于 $\lambda = 100$，所以

$$0 < h < \frac{2}{100} = 0.02 \qquad (7\text{-}21)$$

也就是说只要 $h > 0.02$ 就会不稳定。所以采用显式欧拉法当 $h = 0.025$ 的时候，就会使误差变大，而当 $h = 0.005$ 的时误差就会缩小。

　　与之对应的，改进的欧拉法、标准四阶龙格库塔，也都有其对应的绝对稳定区间。推导过程从略，有兴趣的读者可以参考数值分析中关于常微分方程数值解法的部分。

　　改进的欧拉法稳定区间同样为：$-2 < \lambda h < 0$；而标准四阶龙格库塔的稳定区间为：$-2.78 < \lambda h < 0$。

　　对于系统建模中得到的状态空间方程组，仿真是否会得出稳定的结果，在数学上即为微分方程组的求解稳定性问题。对于此类问题，实际上意味着模型方程 $y' = \lambda y$ 中的元素全部换为矩阵和向量。因此，假设其为 M 阶方程组，则可写作矩阵形式：

$$y' = Ay \tag{7-22}$$

式中，A 实际上就是状态空间方程标准形式中系统矩阵的雅克比矩阵，其为 $m \times n$ 阶矩阵，可以得出 m 个特征值 λ_n。这些特征值可以用作稳定区间的判据，而求解方法的最小步长就由特征值中最大的一个确定。

　　也就是说，步长的确定应通过以下流程：

1）根据微分方程组列雅克比矩阵 A。

2）根据雅克比矩阵 A 求特征值 λ（多个）。

3）根据特征值计算最小步长。

　　而这就是实际中会出现刚性问题的数学由来。如果这个矩阵 A 足够病态，也就意味着其特征值具备较大的数量级差异，而步长必须依照其最大的那个特征值确定，这就会导致步长变得十分小。

　　例如，下列模型方程为三阶系统：

$$y' = Ay(0)$$
$$y(0) = (2, 1, 2)^T$$
$$A = \begin{pmatrix} -0.1 & -49.9 & 0 \\ 0 & -50 & 0 \\ 0 & 70 & -30000 \end{pmatrix} \tag{7-23}$$

求解特征值：

$$\lambda_1 = -0.1, \ \lambda_2 = -50, \ \lambda_3 = -30000$$

假如采用四阶龙格库塔求解，则步长需要满足

$$|h\lambda_i| \leqslant 2.78, \ i = 1, 2, 3$$

则可通过三个特征值确定 h，最小的一个由 $\lambda_3 = -30000$ 确定，也就是

$$h < \frac{2.78}{30000} \approx 10^{-4}$$

不难看到，这是个很小的步长。

2. 数值算法的刚性

　　刚性方程组的定义是：最大特征值的绝对值远远大于最小特征值的绝对值，即

$$\max |\mathrm{Re}\lambda_i(t)| \gg \min |\mathrm{Re}\lambda_i(t)| \tag{7-24}$$

并且给出了一个刚性比 S 的定义，以表达一个问题的刚性有多严重，即

$$S = \frac{\max |\mathrm{Re}\lambda_i(t)|}{\min |\mathrm{Re}\lambda_i(t)|} \tag{7-25}$$

根据式（7-25）可知，模型方程的系数矩阵特征值数量级差异越大，其刚性问题越严重。这是因为数值解法的稳定条件是步长必须按最大的特征值确定，而大的特征值会造成求解的步长十分小。

至于刚性问题的物理表现，可以直观形象地理解为"用一个弹性刚度很大（很硬）的元件连接一个弹性刚度很小（很软）的元件"。而弹性刚度很大，也就意味着其频率特征很高，为了适应刚性很大的元件（频率特征很高的）必须使步长十分小。

这就是第 6 章提到的寄生元件会产生的问题。例如，通过将杠杆视为有一定弹性的转动件，就可以改善微分因果关系问题，但带来的代价就是，杠杆的刚度很大，因此这个 C 元件必须有很大的 K 值，也就是微小的转角差就必须能产生很大的力矩。这就意味着这里有了一个高频元件，它会为系统模型带来很大的特征值差异，造成仿真步长大大减小，仿真时长大大增加。

（1）如何发现刚性问题　实际应用中，刚性问题一般不是通过数学求解方法预知的，而是在建模完成后的求解（仿真运行）过程中发现的。采用变步长解法求解时就会发现系统中存在刚性问题（运行时间大大增加）。如果采用定步长算法，则通过模型计算会不会出现发散，通过缩小步长解决时就可以测试出是否存在刚性问题，因为若刚性比大就必须把步长设得十分小。事实上，刚性问题的发现并不困难，但解决它很困难。

（2）如何解决刚性问题　非常遗憾的是，仿真算法方面对于刚性问题的解决并没有很好的办法。一些数学研究提供了适用于解决刚性问题的求解算法，也有应用在商业软件中的例子，例如 MATLAB/Simulink 中的 ode15s。但对于足够复杂的系统，这些求解器依然是束手无策。

改进计算机性能也是很难解决刚性问题的。的确，计算机计算能力的提升对解决刚性问题一定会有帮助，但这并非最佳的手段。有一些研究者会片面强调计算机性能，但这只能延缓问题的发生。计算机性能的改进在某种程度上，也在放纵研究者用复杂的方法解决简单的问题。数量级差异是可以无限放大的，而计算机性能总是有限的。

要解决刚性问题，最好的方法是在建模过程中进行改善，而不是在求解过程中寻找方法。回到建模过程，分析哪些部分产生了刚性问题；对于并不关心的部分，应尽量省去产生刚性问题的元件，这实际上是对系统的降阶。

例如，一个系统问题中，有些元件如果质量特别小或者刚度特别大，而在低频问题上对整体系统的影响并不明显，则实际上不应作为动态元件进行分析，这些元件应该省去。这十分依靠建模人员的技巧，需要在实践中逐渐积累经验。

7.3　仿真求解的要点

以上已经对仿真的计算机实现方法和一些常见问题做了阐述。下面再从系统角度出发，介绍为解决实际问题需要注意的一些仿真求解的要点。

1. 仿真模型的输入

系统是可以有输入的，仿真模型也是可以有输入的。元件与子系统之间有功率键连接，它们之间就会有输入输出关系，每个键包含方向相反的两个势流关系。

同时，对于一些元件，需要有外界输入信号。比如，液压滑阀需要一个何时开启、何时关闭的信号。信号是一系列的时域数据，这类信号就是仿真模型的输入。

对于一个完整的机械系统，一般其仿真模型的输入包含了所有操作员的操作信号和工作端输入信号。

（1）操作员操作信号 作为动态系统，操作员操作信号是一系列随时间变化的数值。这个数值可以根据具体情况定义，比如拉动一个操纵杆，从一头拉到另一头，可以定义为从0到1。时间轴上可以绘制一个信号波形，表达驾驶员对它的操作过程。

如果有多个操作，就可以有多个输入信号。仿真运行时，就会按照这个信号运行。

操作员操作信号如何获得？目前只有实测一种方法。作为模型输入，驾驶员操作是整机现场测试试验必须测试的数据。

（2）工作端输入信号 任何机械设备一般是要做某项操作作业，实现某个功能的。比如，挖掘、举起重物等。如果不对载荷进行建模，就需要输入工作端的载荷信号。比如挖掘机挖土，可能需要在铲斗尖部输入力信号来模拟载荷。

然而，作为动态系统仿真，这个载荷输入信号很难通过简单的一条动态曲线解决，现场试验也不行——现场试验只能获得"载荷特征"。仿真运行时具体某个时间点的载荷值，却是整机作用于对象的一种反馈，这个载荷值属于"果"而不是"因"。比如挖掘机挖土，只有开始切削时会受到土的阻力，如果停下不动，这个阻力就会消失。如果用给予载荷输入来代表将这个阻力加给系统，又如何能恰如其分的在每个时间点都保证加上去的力一定是阻力呢？时间点和数值一旦有误，就会出现载荷反过来变成驱动力驱动系统，这当然是不合理的。

因此要想有效解决载荷问题，必须建立载荷模型。最简单的载荷模型就是一个阻尼器。动起来才会有阻力，动的越快阻力越大，不动就没阻力。

当然，对于一些机械来说，其载荷是稳定、确定的。比如汽车，开车时拉的不管是人还是货，重量总不会变。这类机械建立载荷模型是容易的。

但是，有些机械的载荷却是极其复杂、无法确定的，如土方施工机械、挖掘机、装载机等。土是个极其复杂的对象，很难预测挖土时需要多大的力。这类问题的解决往往需要用到复杂系统建模理论，可以催生尖端研究成果。然而在工程中，复杂系统建模方法却很难实践。

目前，解决这类问题比较好的方法是通过现场试验得到载荷特征，再建立简化、近似的载荷模型。

2. 仿真运行的输出

如前文中所述，数值求解的结果为数据表的形式，这即为仿真运行的输出，也就是表7-1的形式。每一个时间步长都可在每个传输环节产生当前时刻的数据。如果将每个步长的数据都记录下来，就可以形成数据表，以每个环节物理量值为列，以每个时间点为行。

为了与试验输出相对应，下面介绍一下通道的概念。

在动态测试试验中，测点得到的数据输入到数据记录仪中，数据记录仪则每隔一个时间周期（比如0.02s）就记录一次数据，就能形成时间数值的数字序列。数据记录仪可以一次记录多个测点的数据，这样试验的结果会更科学。具备这种能力的数据记录仪被称作多通道数据记录仪。其中，每一个测点被称作一个通道。

如果把仿真看成是一种"虚拟"试验，那么每个输出的环节物理量就可以看作是一个通道。

对于定步长来说，每个步长的数据就会与现场多通道动态测试试验数据相吻合，也就是说，仿真运行也可以理解为一种试验过程，其输出形式与试验是一致的。关于多通道动态测试试验会在后面的章节中介绍。

实际使用中，仿真的输出并不需要覆盖所有的传输环节物理量。对于足够大的系统来说，所有数据都保存下来会造成仿真程序缓慢，占用过多计算机资源。一般来说需要输出的通道，以仅限于后续的评价需要为宜。

7.4 仿真求解的典型实例

这里还是用图 2-1 所示的机械振动系统做动态仿真求解的演示。

对于 m、c、k 典型机械振动系统，其微分方程为

$$\begin{cases} \dot{x_1} = x_2 \\ \dot{x_2} = \dfrac{1}{m}u - \dfrac{c}{m}x_2 - \dfrac{k}{m}x_1 \end{cases} \tag{7-26}$$

式中，x_1 为质量块位移；x_2 为质量块的速度；u 为输入力，是输入信号。

这里用欧拉法求解，则 x_1 的递推式为

$$\begin{cases} x_1^{n+1} = x_1^n + hx_2^n \\ x_2^{n+1} = x_2^n + h\left(\dfrac{1}{m}u^{n+1} - \dfrac{c}{m}x_2^n - \dfrac{k}{m}x_1^n\right) \end{cases} \tag{7-27}$$

假设质量 m、刚度 k 均为 1，阻尼为 0.5，取步长 h 为 0.1s，设初值均为 0，如果输入力为阶跃信号，在 0.3s 时刻由 0 变为 1，则求解结果见表 7-2。

如果继续计算到 14s 的位置，同时将位移和速度绘图可得阶跃输入下机械振动系统的仿真结果曲线图，如图 7-2 所示。

可以看到该结果与实际情况符合，质量块在阶跃力的作用下发生了振动，在阻尼的影响下振幅逐渐降低。对于此系统，力的作用为输入信号，质量块的位移和速度为输出结果，形成结果的数据表。

在同一个模型下，如果输入信号不同，就会得到不同的结果。例如，若将本例中的输入信号改为在 0.3~2.3s 区间内逐渐增加到 1，则结果如图 7-3 所示。

可以看到振动的最大振幅比前一个输入下有所收窄，这是由相对柔和的输入造成的。

在同一个输入条件下，对模型参数进行调节，就会得到不同的输出结果。例如，若将本例中的质量调整为 1，阻尼调整为 1.5，刚度调整为 1，则结果如图 7-4 所示。

可以看到结果有很大的不同。这也是进行系统建模与仿真的目的，调节系统参数，改变输入信号，在计算机上实现并不困难，用此方法进行分析，则可以明确地得到系统的动态响应特征。

这就是用微分方程数值解法进行仿真的过程。现有的各类商业仿真软件，均采用类似方法进行求解并输出结果。

表7-2 机械振动系统的结果数据表

时间/s	输入信号 u	质量块位移 x_1/m	质量块速度 $x_2/(m/s)$	时间/s	输入信号 u	质量块位移 x_1/m	质量块速度 $x_2/(m/s)$
0	0	0	0	4.1	1	1.416221	−0.30677
0.1	0	0	0	4.2	1	1.385544	−0.33305
0.2	0	0	0	4.3	1	1.352239	−0.35496
0.3	1	0	0.1	4.4	1	1.316743	−0.37243
0.4	1	0.01	0.195	4.5	1	1.2795	−0.38549
0.5	1	0.0295	0.28425	4.6	1	1.240951	−0.39416
0.6	1	0.057925	0.367088	4.7	1	1.201535	−0.39855
0.7	1	0.094634	0.442941	4.8	1	1.161681	−0.39877
0.8	1	0.138928	0.51133	4.9	1	1.121803	−0.395
0.9	1	0.190061	0.571871	5	1	1.082303	−0.38743
1	1	0.247248	0.624271	5.1	1	1.043559	−0.37629
1.1	1	0.309675	0.668333	5.2	1	1.00593	−0.36183
1.2	1	0.376508	0.703949	5.3	1	0.969747	−0.34433
1.3	1	0.446903	0.731101	5.4	1	0.935313	−0.32409
1.4	1	0.520013	0.749855	5.5	1	0.902904	−0.30142
1.5	1	0.594999	0.760361	5.6	1	0.872762	−0.27664
1.6	1	0.671035	0.762843	5.7	1	0.845098	−0.25008
1.7	1	0.747319	0.757597	5.8	1	0.82009	−0.22209
1.8	1	0.823079	0.744986	5.9	1	0.797881	−0.19299
1.9	1	0.897578	0.725429	6	1	0.778582	−0.16313
2	1	0.97012	0.699399	6.1	1	0.762268	−0.13283
2.1	1	1.04006	0.667417	6.2	1	0.748985	−0.10242
2.2	1	1.106802	0.63004	6.3	1	0.738743	−0.0722
2.3	1	1.169806	0.587858	6.4	1	0.731524	−0.04246
2.4	1	1.228592	0.541485	6.5	1	0.727278	−0.01349
2.5	1	1.28274	0.491551	6.6	1	0.725929	0.014457
2.6	1	1.331896	0.4387	6.7	1	0.727374	0.041141
2.7	1	1.375765	0.383575	6.8	1	0.731488	0.066347
2.8	1	1.414123	0.32682	6.9	1	0.738123	0.08988
2.9	1	1.446805	0.269067	7	1	0.747111	0.111574
3	1	1.473712	0.210933	7.1	1	0.758268	0.131284
3.1	1	1.494805	0.153015	7.2	1	0.771397	0.148893
3.2	1	1.510106	0.095884	7.3	1	0.786286	0.164309
3.3	1	1.519695	0.040079	7.4	1	0.802717	0.177465
3.4	1	1.523703	−0.01389	7.5	1	0.820464	0.18832
3.5	1	1.522313	−0.06557	7.6	1	0.839296	0.196857
3.6	1	1.515756	−0.11452	7.7	1	0.858981	0.203085
3.7	1	1.504304	−0.16037	7.8	1	0.87929	0.207033
3.8	1	1.488267	−0.20278	7.9	1	0.899993	0.208752
3.9	1	1.467988	−0.24147	8	1	0.920868	0.208315

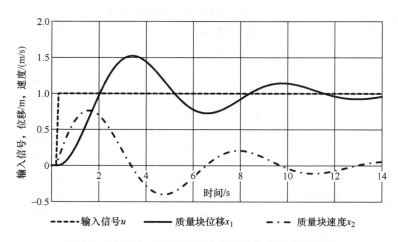

图 7-2 阶跃输入下机械振动系统的仿真结果曲线图

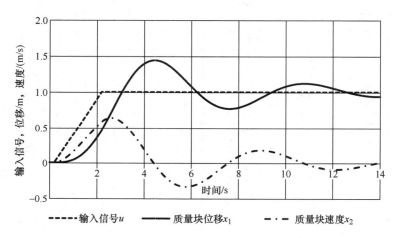

图 7-3 渐变输入下机械振动系统的仿真结果曲线图

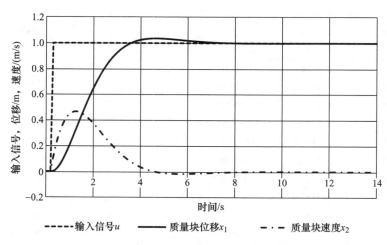

图 7-4 调节参数后机械振动系统的仿真结果曲线图

第 8 章
仿真输出的评价与多通道数据处理方法

如前文所述，评价应从用户的需求出发。要想知道改良设计对产品性能有多大影响，至少得能用一种方法得出评价性能的数值。有了评价数值，就可以进行对比了。

这里给出两种最常见的性能评价指标：

1）单位时间的有效工作能量输出（干得多）。

2）有效工作能量与能源消耗量的比率（效率）。

那么如何得出这两个数值呢？动态仿真得出的结果都是时域曲线，所有的函数都是势和流变量的时间变化函数。而当问题涉及功率、能量和效率的时候，就必须要计算势和流变量之间的乘积以及积分。这里可以借用数学中内积空间的概念。

8.1 内积空间的定义

数学中对于内积空间的定义如下：

若函数$f(x)$、$g(x)$ $\in C$ $[a, b]$，$\rho(x)$ 是 $[a, b]$ 上的权函数，积分

$$(f,g) = \int_a^b \rho(x)f(x)g(x)\,\mathrm{d}x \tag{8-1}$$

称为函数$f(x)$ 和$g(x)$ 在 $[a, b]$ 上的内积。

将时间 t 视为内积空间定义中的变量 x，不难理解，对于系统仿真输出来说，相当于获得了势和流两个函数，而其功率同样是时变函数，也就是势和流的乘积，而能量则为其乘积在时间上的积分。因此，系统在某个节点的能量，正好是其势和流的内积空间。

8.2 多执行器系统的性能评价

在实际产品中，许多机电类产品通常具备多个执行件，例如多个电机驱动的多自由度机械臂，多个液压缸驱动的液压工程机械等。一方面，此类多执行器系统的传输过程会较为复杂，例如液压挖掘机一般具有泵的液控或电控排量控制以及多泵多阀的合流设计。另一方面，机械结构各个部分在工作中其功率均不相同，且不断变化，存在输出能量状态和回收能量状态的不断转换。一般的静态计算方法不能解决该评价问题，必须对一定时间历程内的实时动态数据进行分析。

整机和元器件的动力匹配问题一直是工业产品系统集成时的重要问题。系统建模与仿真可以为解决此类问题提供路径，而这当中评价是重点。因此这里将系统性能评价分为整机性能评价和元器件性能评价两个方面。

（1）整机性能评价 整机性能评价指的是面向最终用户的需求的评价。例如挖掘机的每小时开挖方数、每方燃料消耗等指标。对"干得多"和"效率"这两个评价指标，可将其转化为以下描述：

1）单位时间有效能量输出，即功率（单位：J/s）。

2）有效工作能量和原动机输出能量的比率。

（2）元器件性能评价 元器件性能评价指的是针对产品中某个动力传输零配件的评价。例如变速器、变矩器、液压泵、换向阀等。不难理解，最重要的元器件评价指标是元器件的传输效率。

由于缺乏一种固定的标准，元器件评价一般可用相对评价方法，即通过某个评价标准（例如传输效率）来对比不同的元器件方案。

8.3 整机性能评价

1. 工作循环

对于大部分工业产品来说，其工作都是以工作循环的方式进行的。在单个工作循环过程中，动力源和执行器的能量输出和消耗会不断变化，而在多个工作循环对比时，其能量变化又具有周期性。因此，通过工作循环对整个工作过程进行分析是合理的。系统仿真得出的结果应按工作循环进行分段分析。

工作循环的定义之下，可提出一些评价指标。实际使用时可进行多次工作循环重复试验，并进行统计分析，得出结果。

2. 单位时间有效能量输出

当有了系统仿真的结果时，单位时间有效能量输出可以通过其负载端的有效能量输出进行分析。因此这里给出一个新的定义——有效功率键。

有效功率键指的是机械工作端与载荷模型相连接的键，如图 8-1 所示。这个键上的能量输出代表它有效的工作，可称之为有效能量输出。

图 8-1 整机性能评价的有效功率键

对于每一个时间点，其势和流的乘积就是输出的功率值。其求解应该按内积进行，需要注意的是，有些机器的载荷不是单一的（例如多臂工业机器人），因此可能会需要求解多个载荷点的输出能量。

假设该整机动力源组具备 n 个载荷点，对于第 i 个载荷点来说，其有效能量输出为

$$E_{oi} = (e_{oi}, f_{oi}) = \int_{t_1}^{t_2} e_{oi}(t) f_{oi}(t) dt \tag{8-2}$$

式中，E_{oi} 为有效能量输出（J）；t_1、t_2 为工作循环开始和结束的时间（s）；$e_{oi}(t)$ 为有效

功率键的势量，国际单位制；$f_{oi}(t)$ 为有效功率键的流量，国际单位制。

实际计算时，由于仿真输出为离散数据，因此其内积计算相当于点乘，容易实现。

则整机的单位时间有效能量输出为

$$E_U = \frac{\sum_{i=1}^{n} E_{oi}}{t_2 - t_1} \tag{8-3}$$

可以看到有效能量输出的获取并不复杂，但实际难点在于以下两个方面。

1）载荷模型。有效能量输出和载荷模型的特征是密切相关的。这也是第 7 章强调载荷模型建立的重要原因。

2）操作员输入问题。因为该问题是单位时间的有效能量输出，因此时间段的选取会影响评价结果，同时，操作员给整机系统的输入信号在图 8-1 中为单向信号，这意味着其操作并不关注系统的实际响应，为开环控制。但在实际工程应用中，当机器的作业对象是载荷特征较为复杂的对象时，其整机的响应则是难以预测的，操作员必然会根据机器的响应适时地调整其控制信号，实际为操作员介入的闭环控制。

例如，挖掘机驾驶员在操作挖掘机时，会根据挖掘土壤的坚硬程度调整阀门开度和开启时间；挖掘机铲斗中土方的量会影响其回转惯性，驾驶员会适当调整回转阀的开启时间，使其获得合理的回转角度等。

一旦载荷特征发生变化，甚至整机模型的参数配置发生变化，操作员输入信号都不应是无反馈的开环控制信号。因此，有必要对这一整套评价系统进行改进，如图 8-2 所示。

图 8-2 加入操作员控制模型的系统

一旦操作员输入信号需要根据反馈信号进行调整，就不再是简单的输入信号问题，而成为一个自动控制问题，因此将这一部分称为操作员控制模型，即通过观测整机系统中一些关键节点的变量（压力、流量、位移等），来对输入信号进行调整。更通俗的解释，这是一个自动驾驶模块，如图 8-3 所示。

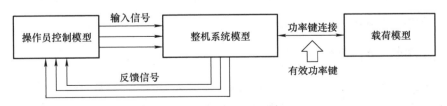

图 8-3 带自动驾驶模块的系统

可见，即使是简单的每小时开挖方数评价问题，要真正解决，仅建立整机系统模型是不够的，还需要解决载荷模型问题（建立合理可靠的载荷模型）和操作员控制问题（设计自动驾驶模块）。

3. 整机效率

整机效率的计算必须取到原动机的输出能量值。原动机输出点的功率键可以称为原动功率键。一个工作循环内，原动功率键传输的能量称为能量产生值。需要注意，有一些机器不止一个原动机，因此将其称之为动力源组。

假设该机动力源组具备 m 个动力元件（主泵、发电机等类型的元件），对于第 i 个动力元件来说，其能量产生为

$$E_{pi} = (e, f) = \int_{t_1}^{t_2} e_i(t) f_i(t) \, \mathrm{d}t \tag{8-4}$$

式中，E_{pi} 为动力元件能量产生值（J）；t_1，t_2 为工作循环开始和结束的时间（s）；$e_i(t)$ 为原动功率键键的势量，国际单位制；$f_i(t)$ 为原动功率键键的流量，国际单位制。

则整机整机效率 η_U 为

$$\eta_U = \frac{\sum_{i=1}^{n} E_{oi}}{\sum_{i=1}^{m} E_{pi}} \tag{8-5}$$

原动功率键、有效功率键的取值位置如图 8-4 所示。

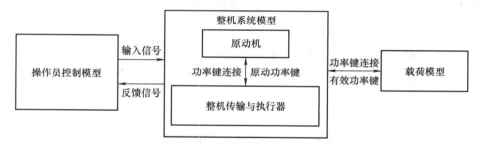

图 8-4　系统的原动功率键和有效功率键

需要说明的是，无论是单位时间有效能量输出，还是整机效率，这两个整机评价指标的得出，都不仅与整机系统有关，还与载荷特征、操作员控制方式有关。因此，此类评价指标的结论，都仅适用于某类载荷或某类操作方式。

这一点对于后面的元器件性能评价也成立。所有的评价结论一定是针对某个具体工况的，也就是具体载荷或操作方式之下的。

8.4　元器件性能评价

与整机性能评价不同，元器件性能评价涉及系统内部的具体结构。整机性能评价进行时，对整机系统内部并不关注，只需要关注其中原动机的输出功率键所在位置。但元器件性能评价则必须关注系统内部的结构，这主要关系到系统传动的拓扑结构和能量传输方向问题。键合图能够比较明确地揭示这些问题。因此这里首先对传动拓扑结构进行定义。

1. 传动系统拓扑结构

（1）动力源和执行器

动力源顾名思义是系统中产生能量的部分，如发动机、电动机等。若单独分析液压系统，泵也可作为动力源，如图8-5a所示。

执行器是系统中对外做功消耗能量的部分，如液压缸、液压马达等，如图8-5b所示。

（2）二通传输元器件　指的是有两个通口的元器件。比较典型的是汽车传动系的变矩器、变速器等。二通传输元器件的性能评价相对简单，因为功率流走向不会出现分叉或合并，如图8-5c所示。

（3）多通传输元器件　指的是有多个通口的元器件，如图8-5d所示。液压多路阀就是典型的多通传输元器件。因为功率流走向会出现分叉或合并的情况，所以多通传输元器件的性能评价会较为困难，这也是本章重点讨论的内容之一。

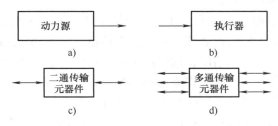

图8-5　系统传动结构的元件分类

（4）独立型多执行器系统　指的是在多执行器系统中，采用多动力源，通过二通传输结构传输至执行器，如图8-6所示。

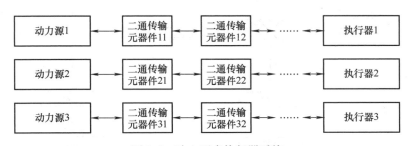

图8-6　独立型多执行器系统

这类系统的优点是，传输过程中各个执行器互不干扰，其势量和流量的控制容易实现，例如机械臂如果采用多个电机驱动的设计，各个电机可以独立控制，而不需要考虑互相之间的功率分配问题。

（5）分流型多执行器系统　指的是在多执行器系统中，具备多通传输元器件对所有动力源进行功率合并，再重新分配给各个执行器的系统，如图8-7所示。

由于实际机器各个执行器可能需要的瞬时功率差异巨大，如果采用相互独立型动力源的设计，则需要让每个原动机满足最高的瞬时功率要求，这很容易造成浪费。因此对于多执行器、复杂负载的机器产品，采用分流型多执行器设计对于减少系统设计的浪费，以及工作过程中的能量浪费都是有益的。现有的许多机械产品都是此类设计，例如液压挖掘机。

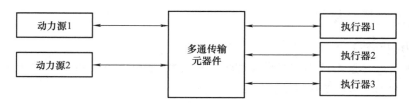

图 8-7　分流型多执行器系统

2. 分流型多执行器系统的势流分配

分流型多执行器系统设计也存在一些难题。对于分流型设计，如果分叉位置不加控制，则会存在势流分配的问题。下面以汽车传动为例说明此类问题。

后驱式汽车，通过传动轴将动力传输给后轮。而后轮因为有两个，所以最直接的传动方式就是直接用一根轴联通两个后轮。

这种传动方法如果用键合图表示，就是共流结 1 结，如图 8-8a 所示。而共流结也就意味着两个车轮的转矩载荷不同时，始终保持同一个转速。当车辆转向时，就会造成两个车轮一边向前滑动、一边向后滑动的情况，这将严重加剧轮胎的磨损并增加油耗。

因此，汽车工程师设计了一种叫作差速器的配件，这个配件装在传动轴和车轮轴之间。差速器允许左、右两个车轮具备不同的转速。如果有一个车轮固定，另一个车轮仍然可以转动，那么车辆转向造成的轮胎磨损就可以大大降低。因此现代汽车都加装了差速器。

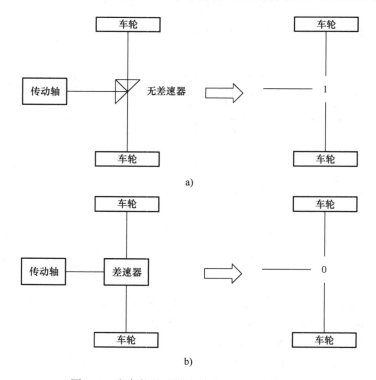

图 8-8　汽车的差速器在分流型系统中的效果

但差速器的本质为将连接的共流结 1 结替换为了共势结 0 结，如图 8-8b 所示。

这意味着两个车轮的转矩载荷会始终相同。那么当两个轮上的转矩载荷不同时会发生什么情况呢？

机器在工作时，载荷是"果"而非"因"，载荷是机器工作造成的，当汽车不开动时，车轮上也没有转矩载荷。同样的，轮上的转矩载荷是载荷模型的反馈，车轮会输出转速给载荷模型，载荷模型根据车轮转速得出转矩反馈给车轮。因此当轮上转矩载荷不同时，车轮转速就会不同，转矩载荷大的车轮会自动降低转速，直到其转矩载荷与另一个车轮一致。

这样一来就会产生一个新的问题，即两个车轮的实际工作载荷，会由载荷小的一端决定。当两个车轮中有一个车轮没有载荷时，另一个车轮就会完全停止转动（不转才能无载）。例如，若汽车一端车轮陷入泥坑，陷入泥坑的车轮获得不了推进力，会在无载荷状态下旋转，而另一端的车轮纹丝不动。

事实上这是我们不愿意看到的，差速器的这一现象被称为"差速不差力"。反之，直接连接双轮的设计就是"差力不差速"。

本质上讲，人们有时希望能够差速（汽车转向时），有时却又希望能够差力（逃出泥坑时）。如果要同时满足，就必须增加控制或切换，例如有些越野型车辆就会有双轮锁死装置。

也就是说，如果是简单的系统功率分叉，无论是直联的 1 结形式，还是加装差速器的 0 结形式，在面对复杂载荷问题时结果往往不尽如人意。

另一个典型的实例是分叉驱动两个液压缸的液压系统。例如通过串联的方式将两个液压缸连接起来，可以始终保证双缸的动作一致，且克服载荷不同的问题。但人们往往有不一致动作的需求，所以可以考虑通过三通管将两个液压缸连在同一个液压系统中，这样虽然可以实现两个液压缸的动作不同步，但载荷不同时却容易出现"哪边载荷小，哪边就先动"的问题。

分流型多执行器系统要求所有执行器的势流都有方法独立控制，首先应采用 0 结形式（并联）以保证系统本身分流的差异，然后对各个分路增加控制，以解决功率分配的问题。

对于此类分流型多执行器系统，需要重点讨论多通传输元器件的评价问题。首先，必须从能量的产生和走向角度分析系统各个元件的工作状态。为方便分析，将动力元件和执行件作为独立对象看待，将系统分为动力源组、执行器组和传动系统三部分。动力源组包括产生动力的元件集合，这在不同的系统分析中可能有区别，例如仅进行液压系统建模，则可将泵看作动力源组，如一般中型挖掘机采用双联泵的设计。液压系统的执行器组包括全部工作液压缸和液压马达的集合，电驱动系统的执行器组则一般为全部电机。其他系统，如管路、阀等作为传动系统的组成部分。不难理解，动力源组与传动系统之间，及传动系统与执行器组之间存在能量的传输，如图 8-9 所示。

多个执行器机械的动力源不断向传动系统传输能量，以下将这种状态称为能量产生状态。为减少能量的损失，许多机种具有控制系统，使其能在必要工况时降低动力源的能量产生，例如挖掘机的正、负流量系统可以在系统不需要能量的时间段减小主泵排量以降低能量产生。

由于动力源往往处于持续供能状态，例如液压系统主泵出口的液压油始终工作于单流向状态，因此问题较为简单。但对于执行件来说，如果执行件是往复平动式执行件（如液压缸），或是可倒转的回转式执行件，则问题较为复杂。以液压系统为例，无论是液压缸还是

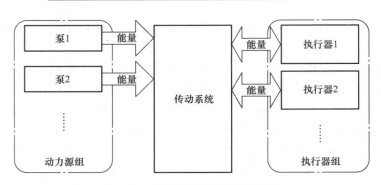

图 8-9 液压系统的能量传输示意

液压马达，其工作时均是两条管路的液压油按两个相反方向流动的。既有能量从控制阀流向执行件，又有能量从执行件反向流回控制阀。这使得问题变得复杂且难以理解，也是此类系统评价的难点。

虽然传动系统和执行器之间的连接往往通过多条线路造成多个键连接，如液压系统有两根管路。而且在此类连接作用下，会有能量的逆向传输问题，但其多个连接线路实际上是相关的，是需要共同协同作用使得执行器正常工作的。因此，可以将此类连接的多个键，看作一个综合的能量传输环节看待。以下将其称为键组。键组指的是连接两个元器件的协同工作的功率键，例如两根管路的液压缸、两根电线的直流电机等。

需要注意的是，为了便于下面的论证，键组中的所有键都应保持同一个正向功率定义，也就是功率键的半箭头指向需要相同，而不要在意实际的流向（液压系统中油缸伸出和缩回的液流流向总是相反的）。这里定义由动力源到执行器的方向为正向，所有键的半箭头均指向这个方向。

3. 正向传输和逆向传输

与动力源不同，在一个工作循环中，执行器有可能在对外做功，也有可能从外界获得能量，返回到传动系统中。以下将对外做功的状态称为能量消耗状态。由于从外界获得能量时其功能与动力源本质是相同的，即也工作在能量产生状态，但为了与动力源表示区别，以下将其称为能量回收状态以示区别。在一次工作循环中，其状态存在多次转换，如图 8-10 所示。

因此，简单的对各个传输接口进行内积计算求解能量，将无法区分实际产品的工作状态。为了解决这一问题，有必要对能量逆向传输问题及内积空间的分段进行探讨。

不妨根据数据进行状态判断，判断其处于能量消耗状态，还是处于能量回收状态。这两种状态实际表示其能量传输的方向分别为正向（能量传输给执行器，完成工作）和逆向（能量由执行器反向获取），因此分别称其为正向传输和逆向传输。

（1）键组的正逆向判断方法　对于单个键，正向传输和逆向传输的判断十分容易，只要判断势流乘积是正还是负，就能看出其处于正向还是逆向的状态。但是若键组涉及两个或更多的键，其中的流动往往是反向的，又该如何判断键组的正逆向传输呢？

以液压端口的数据为例。液压缸及液压马达存在两个液压接口，能量消耗状态和能量回收状态可通过两端压力、流量在当前时刻的数值进行判断。在其运动时，如高压口进油、低

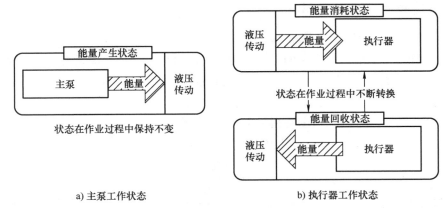

图 8-10 液压系统主泵及执行器的工作状态

压口出油，则其处于能量消耗状态，反之则其处于能量回收状态。如果流量以流入执行器为正，流出执行器为负，则可以两接口当前时刻功率之和的正负判断。

因此，即使是键组，判断方法依然相同。根据实际工作时功率接口位置的功率正负情况，对内积空间进行分段，可分别计算出正向和逆向的能量值。

（2）内积空间分段方法　假设该执行器组具备 n 个执行器，i 为某个执行器的编号，则从传动系统到该执行器的键组中，正向传输的能量值为

$$E_{Oi} = (P, Q) = \int_{t_1}^{t_2} C_i(t)\,\mathrm{d}t \tag{8-6}$$

式中，E_{Oi} 为其正向传输能量（J）；$C_i(t)$ 为 t 时刻的即时传输功率值。

即时传输功率值需要进行正负判断，对于直流电系统或液压系统，执行器往往由两根线路（两根电线或两根液压管）连接。注意定义流（液压流或电流）以流入执行器为正向，则

$$C_i(t) = \begin{cases} e_{ia}(t)f_{ia}(t) + e_{ib}(t)f_{ib}(t), & e_{ia}(t)f_{ia}(t) + e_{ib}(t)f_{ib}(t) > 0 \\ 0, & e_{ia}(t)f_{ia}(t) + e_{ib}(t)f_{ib}(t) \leqslant 0 \end{cases} \tag{8-7}$$

式中，$e_{ia}(t)$ 及 $f_{ia}(t)$ 为第一个端口的势和流，如压力及流量数据。用 $e_{ib}(t)$ 及 $f_{ib}(t)$ 代表第二个端口的势和流，如压力及流量数据。由于流量均以流入执行器为正，因此两个端口在式中可互换。

同样的，逆向传输能量为

$$E_{Ri} = (P, Q) = \int_{t_1}^{t_2} R_i(t)\,\mathrm{d}t \tag{8-8}$$

式中，E_{Ri} 为其逆向传输能量（J）；$R_i(t)$ 为 t 时刻的即时逆向传输功率值，计算公式为

$$R_i(t) = \begin{cases} -e_{ia}(t)f_{ia}(t) - e_{ib}(t)f_{ib}(t), & e_{ia}(t)f_{ia}(t) + e_{ib}(t)f_{ib}(t) \leqslant 0 \\ 0, & e_{ia}(t)f_{ia}(t) + e_{ib}(t)f_{ib}(t) > 0 \end{cases} \tag{8-9}$$

根据以上计算式就可以计算每个时间段内，某个执行器从系统中获得的正向传输能和逆向传输能。

至此可以得出针对元器件的评价指标。以下分别对二通传输元器件和多通传输元器件的评价进行说明。

4. 二通传输元器件的评价

二通元件的评价，可有正向能量损失和逆向能量损失两个指标。

对于执行器，正向能量损失指的是定义的正向能量传输方向的能量损失，通过入口处正向传输能量与出口处正向传输能量做差异分析获得。它可以是损失值，也可以是损失率（元器件效率）。

例如，某二通式元件的入口端键组为 1，出口端键组为 2，则

$$L_O = E_{O1} - E_{O2} \tag{8-10}$$

$$\eta_O = \frac{E_{O2}}{E_{O1}} \tag{8-11}$$

式中，L_O 为正向传输损失值；η_O 为正向传输效率；E_{O1}、E_{O2} 分别为入口端键组和出口端键组的正向传输能量值。

$$L_R = E_{R2} - E_{R1} \tag{8-12}$$

$$\eta_R = \frac{E_{R1}}{E_{R2}} \tag{8-13}$$

式中，L_R 为逆向传输损失值；η_R 为逆向传输效率；E_{R1}、E_{R2} 为入口端键组和出口端键组的逆向传输能量值。

5. 多通传输元器件的评价

多通传输元器件的评价较为困难，同样可以考虑"正向能量损失"和"逆向能量损失"指标，可将其键组分为连接动力源的键组和连接执行器的键组两类，则认为能量从动力源到执行器是正向。因此，若其连接了 m 个动力源，n 个执行器，则正向传输损失和效率为

$$L_O = \sum_{i=1}^{m} E_{Oi} - \sum_{j=1}^{n} E_{Oj} \tag{8-14}$$

$$\eta_O = \frac{\sum_{j=1}^{n} E_{Oj}}{\sum_{i=1}^{m} E_{Oi}} \tag{8-15}$$

逆向传输损失和效率为

$$L_R = \sum_{j=1}^{n} E_{Rj} - \sum_{i=1}^{m} E_{Ri} \tag{8-16}$$

$$\eta_R = \frac{\sum_{i=1}^{m} E_{Ri}}{\sum_{j=1}^{n} E_{Rj}} \tag{8-17}$$

8.5 现场测试试验

现代传感器测试技术和数据记录技术为现场测试试验提供了良好的条件。传感器可以与数据记录仪相结合，记录每个时间瞬间的测试数值，并提供一个随时间变化的数值记录。

1. 现场测试试验的测试设备

现场测试试验设备一般包括两部分：

（1）传感器　传感器用于测量变量，也就是力、速度、位移、压力、流量、电压等物理量。可以看到，这些测量变量与键合图中的势流变量定义是一致的。传感器有多种形式和多种目的的设计，但要与动态测试对应，传感器一般会标准化，通常有固定标准化的供电和信号特征（如 5～20mA 的电流型），且需要满足动态测试条件，能够实时将测得的物理量信号转为电信号。

（2）数据记录仪　数据记录仪是将传感器信号记录下来的设备。数据记录仪内的 CPU 有采样频率，它会根据其时钟，每隔一个时间周期记录传感器测量的数值，并写入到存储设备中。一个典型的采样频率是 50Hz，也就是每隔 0.02s 记录一次数据。

有了数据记录仪，就可以在一次现场测试试验中，获得变量的时间变化曲线。数据记录仪有多通道的形式，所谓多通道指的是可以同时连接多个传感器，获得多个传感器的信号并记录其随时间的变化。由于每一个传感器就像一个通道一样将数据传输给记录仪，因此被称作多通道。

多通道可以实时反映在同一个时间段内整个系统多个物理量的变化情况，从而反映多个物理量直接的联系，因此此类设备发展得很快。目前比较常见的有 32 通道、64 通道等类型。如果需要更多的通道数，可以将多台数据记录仪用总线连接（比较常见的是 CAN 总线技术）进行同步记录。

2. 现场测试试验设计需要注意的问题

（1）传感器型号、量程和精度　量程应根据实际测量的对象适当选择。由于系统可能存在冲击，量程应达到可预测最大值的 2 倍左右，例如液压系统压力可达到 34MPa，则应选择 50MPa 左右的量程。量程的选择也不宜过大，由于精度问题，过大的量程可能会使得结果误差很大。如系统最高压力只有 5MPa，若选用 50MPa 的量程测量就很难得到满意的结果。

（2）数据记录仪的采样频率、通道数和信号形式　采样频率主要取决于研究的问题是高频还是低频问题。一般整机系统主要是低频问题，50Hz 的采样频率通常可以满足需要。通道数则根据测试的需求确定。需要注意，传感器由于有多种供电和信号形式，例如有些传感器是电流型，有些则是电压型，也有些信号是频率信号，因此如果订购传感器，则需要明确每个通道是适用于电压还是电流等。

（3）测点选择的取舍　虽然在系统建模中没有区别，但实际工程中，不同物理量的传感器测试成本是有巨大差异的。这不仅是因为传感器的价格不同，还因为加装难度有所差异。以液压系统为例，液压系统的压力测量就明显比流量测量容易得多。压力测量只需在原系统中做很小的改动，就可以将传感器安装上去。而流量的测量则比较困难，通常需要截取很长的一段管道，且需要保持该段管道处于平直状态。再比如汽车传动轴，测量转速是较为容易的，可采用霍尔传感器或激光编码器等，不需要对原车辆进行改动，但测量转矩却十分困难，传感器的安装往往需要截断原轴，并在其中加装更多精密设备。

因此，相关测试试验的设计，还需要综合考虑多种因素。对于没有必要测试的变量或是测试十分困难的变量，应考虑简化或是改用其他方法测试。过于复杂的测试方案，对测试样机进行的改装过多，会大大增加厂商的研发成本。

（4）防护等级　传感器的加装也需要考虑实际机器的工况和环境。有些机器工作在十分恶劣的野外，而传感器往往是十分精密的设备，非常容易损坏。因此一些试验必须考虑这些问题，使传感器能和整机一起正常工作在野外，才能完成测试任务。所以传感器会有防护等级的标准，测试试验的传感器采购必须考虑这个问题。

以多执行器液压系统为例，可以按图 8-11 设计试验测点。

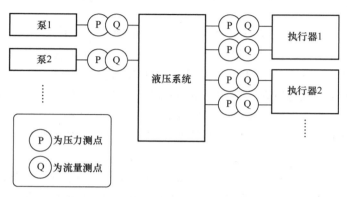

图 8-11　多执行器液压系统的测点布置

在液压系统中同时测量压力和流量即可得出即时的功率，因此每个油路接口均加装两种传感器。执行器（液压缸及马达）具有两个接口，在工作时分别进油和出油，因此每个执行件均有两个测量位置。测点的布置应当尽可能接近泵或执行器，以减少管路损失的影响。

3. 现场测试试验的结果

这里截取的是一次针对挖掘机的现场测试试验的试验结果。表 8-1 仅用于说明现场测试试验结果的数据形式。

表 8-1　挖掘机现场测试试验结果的数据形式

时间/s	前泵出口流量/L·min⁻¹	后泵出口温度/℃	后泵负流量/L·min⁻¹	前泵负流量/L·min⁻¹	前泵出口压力/bar[①]
0.02	145.025	63.78	39.826	11.977	268.524
0.04	146.235	63.77	39.603	11.989	267.236
0.06	147.229	63.773	39.664	12.215	268.181
0.08	147.552	63.775	39.6	13.491	267.265
0.1	147.895	63.757	39.739	16.714	265.505
0.12	148.148	63.777	39.407	22.432	260.044
0.14	146.589	63.764	39.183	30.241	237.799
0.16	137.47	63.763	38.945	35.189	192.68
0.18	115.478	63.723	39.594	32.022	117.957

（续）

时间/s	前泵出口流量/L·min⁻¹	后泵出口温度/℃	后泵负流量/L·min⁻¹	前泵负流量/L·min⁻¹	前泵出口压力/bar①
0.2	86.263	63.755	39.684	20.828	52.75
0.22	67.042	63.72	39.452	12.33	35.632
0.24	59.302	63.724	39.639	23.464	59.159
0.26	62.037	63.719	41.004	34.148	68.52
0.28	72.177	63.713	40.941	28.145	53.437
0.3	72.569	63.736	40.686	24.346	47.722
0.32	67.293	63.693	40.864	29.497	55.774
0.34	63.735	63.72	41.25	32.538	58.955
0.36	61.053	63.694	40.943	30.542	54.419
0.38	56.126	63.721	41.063	28.422	51.093
0.4	50.683	63.674	40.919	28.145	50.224

① 1bar = 10^5 Pa。

可以看到，多通道测试的结果也是数据表的形式，与仿真结果数据表的形式完全相同。因此，现场测试试验的结果，同样可以用前文提到的指标进行评价。

8.6　动态性能评价的实现

根据以上分析不难理解，动态性能评价的实现过程实际上是一种数据处理的过程。具体操作可以用以下两种方法实现。

1. 通道四则运算

函数内积在离散数据方面的处理实际并不复杂。对于一个仿真数据表来说，要计算某个势和流的乘积，就相当于要计算两个通道的乘积。为此，可以建立一个新的通道，记录每个时间点的两个通道的值的乘积，这种方法称为通道四则运算。该方法同样可以做通道间的加、减、乘、除运算。

通道四则运算会通过两个通道（动态数据组）计算得出一个通道（动态数据组），即可以用通道乘法，得出有效功率键的功率通道。也就是

$$P(t) = e(t)f(t) \tag{8-18}$$

在实际操作时可在数据表中增加新列，并将需要的势量和流量相乘，获得的数据填入新增列中。

如果有测试数据的偏移、量纲变化等，同样可以用四则运算的方法，增加新的列并完成数据填写。

2. 通道积分

通过通道四则运算，将键上的势量和流量相乘得到的是功率通道。功率通道是一系列的

时间变化功率值。我们要得到的是一个工作循环的能量总值，再除以时间，也就是内积。

数值积分提供了对离散数据进行积分的方法。这里建议采用复化梯形公式计算。复化梯形公式在数值分析中的定义如下：

将区间 $[a, b]$ 划分为 n 等分，分点 $x_k = kh$，$h = \dfrac{b-a}{n}$，$k = 0, 1, \cdots, n$，在每个子区间 $[x_k, x_{k+1}]$ $(k = 0, 1, \cdots, n-1)$ 上采用梯形公式，则得

$$I = \int_a^b f(x)\,\mathrm{d}x = \sum_{k=0}^{n-1} \int_{x_k}^{x_{k+1}} f(x)\,\mathrm{d}x = \frac{h}{2} \sum_{k=0}^{n-1} \left[f(x_k) + f(x_{k+1}) \right] + R_n(f)$$

则

$$T = \frac{h}{2} \sum_{k=0}^{n-1} \left[f(x_k) + f(x_{k+1}) \right] = \frac{h}{2} \left[f(a) + 2 \sum_{k=1}^{n-1} f(x_k) + f(b) \right] \tag{8-19}$$

式（8-19）称为复化梯形公式。

复化梯形公式余项为

$$R_n(f) = -\frac{b-a}{12} h^2 f^n(\eta) \tag{8-20}$$

可以看出，误差是 h^2 阶，复化梯形公式是稳定的。

这种计算称为通道积分。不难看到，通道积分的结果会是一个数字，而不是一个通道的一条曲线。

将通道四则运算和通道积分进行合理的应用，就可以实现前文提到的性能评价计算。例如，如果需要求解有效能量输出，则对有效功率键位置读取势量和流量，然后进行通道四则运算计算功率，再由通道积分求解得出结果。

如果需要求解键组中的正向能量传输，则需要用式（8-6）计算其正向传输功率，再通过积分求解得出。

至此，可以总结出动态性能评价需要做的是：

1）建立模型。

2）设定工况，即输入信号和载荷信号。

3）仿真运行。

4）将结果进行数据处理为评价。

动态数据表也可以通过试验获得。下面以一个实例说明性能评价的过程。

8.7 典型输出评价实例

以一种典型的挖掘机的动态性能评价为例，挖掘机的发动机功率为 112kW，质量 21600kg，使用 Kawasaki K3V112 轴向柱塞泵和 Kawasaki KMX15RA 多控制阀。泵排量控制使用负流量控制。液压结构和传感器布置如图 8-12 所示。

1. 采集系统和传感器的嵌入

本试验使用了带有 32 个模拟通道输入（4~20mA 或 0~10V）的数据采集系统。8G 的 SD 卡数据存储，采样频率为 50Hz。为了与便携式计算机连接，同时使用无线路由器来传输实时数据，将数据记录仪安装在挖掘机驾驶室上方，如图 8-13a 所示。

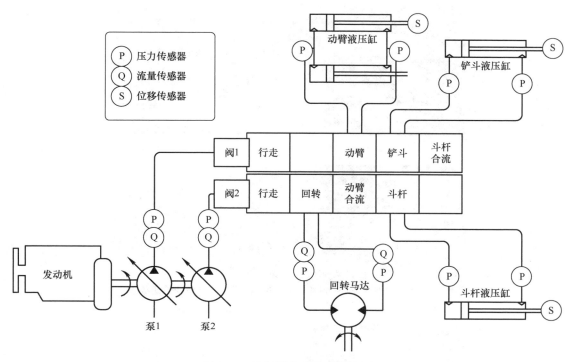

图 8-12　液压结构和传感器布置

压力传感器的测量范围为 $0 \sim 60MPa$，用于测试系统中的压力。为了将它们安装到系统中，专门制作了适配头并将其串联到系统中，如图 8-13b 所示。

流量传感器很昂贵，并且在现场测试条件下很难嵌入到系统中。对于液压缸来说，流量测量可以用位移测量代替，因为液压缸几乎没有内部泄漏，这种代替是合理的。主泵和回转马达仍需要流量传感器监测。流量传感器的使用范围为 $0 \sim 300L/min$。根据型号，压力传感器还可以使用其他连接。嵌入式压力和流量传感器如图 8-13c 所示。

液压缸上安装了测量范围为 $0 \sim 2m$ 的位移传感器，以代替液压缸流量测试。它们通过固定夹安装在液压缸筒上，如图 8-13d 所示。

图 8-13e 所示为完整的现场测试样机。

实验中要求驾驶员进行 1m 的深挖，180°的回转和 3m 高的卸料。挖掘机工作循环如图 8-14所示。

每个周期中的数据互不相同，因为土壤和驾驶员因素是不确定的因素，所以需要进行多个工作周期测试。从 5 个挖掘周期中选取数据作为分析数据，将它们从周期 1 到周期 5 列出。

2. 能量产生评价的数据处理

在 5 个工作循环中，测量泵 1 和泵 2 的输出端口测试数据。图 8-15 和图 8-16 所示为泵 1 和泵 2 的输出压强和流量。图中，$1bar = 10^5 Pa$。

此外，通过将压力和流量相乘可以计算出每个瞬时泵的输出功率，计算结果如图 8-17 所示。

a) 数据记录仪　　　　　　　　　b) 动臂液压缸的压力测试点

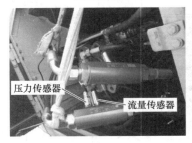
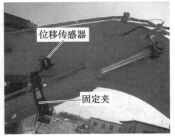

c) 主泵旁的压力和流量测试点　　　　d) 位移传感器安装

e) 现场测试样机

图 8-13　挖掘机现场测试照片

现在，用式(8-4) 计算泵的能量产生值，结果见表 8-2。

表 8-2　泵的能量产生值　　　　　　　　　　（单位：J）

循环编号	泵 1 能量产生值	泵 2 能量产生值
工作循环 1	55298	59944
工作循环 2	43596	50711
工作循环 3	52505	65416
工作循环 4	47391	62515
工作循环 5	50759	62288

a) 回转至挖掘　　　　　　　　　　b) 开挖

c) 挖掘并提升　　　　　　　　　　d) 提升并回转卸料

图 8-14　挖掘机工作循环

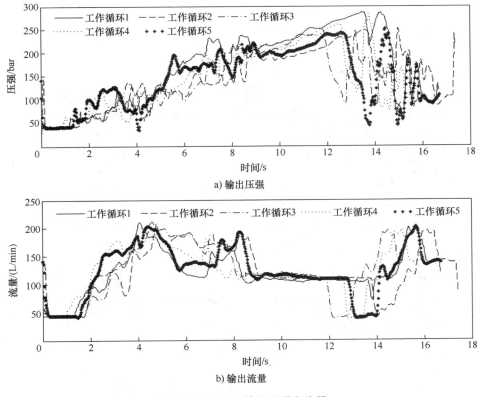

a) 输出压强

b) 输出流量

图 8-15　泵 1 的输出压强和流量

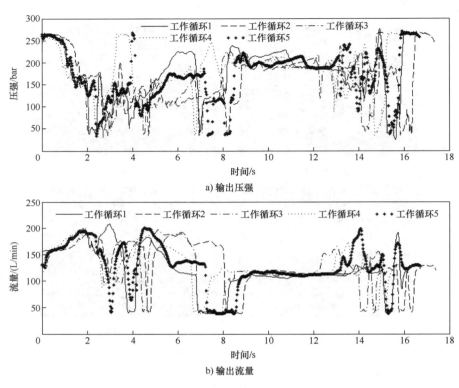

a) 输出压强

b) 输出流量

图 8-16　泵 2 的输出压强和流量

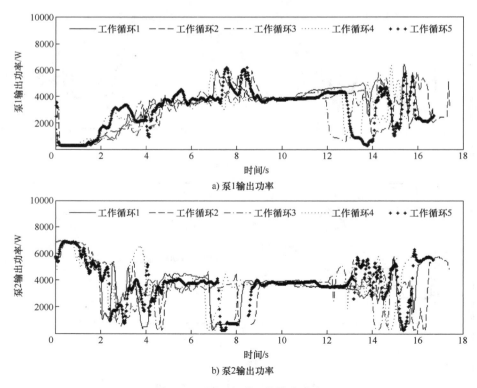

a) 泵1输出功率

b) 泵2输出功率

图 8-17　泵 1 和泵 2 的输出功率

3. 正向能量传输和逆向能量传输的数据处理

图 8-18 所示为动臂液压缸两个液压端口的压强和流量。

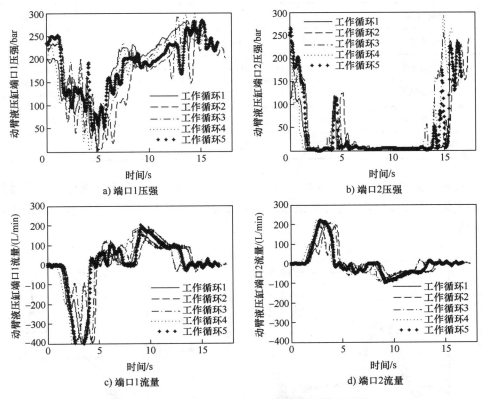

图 8-18　动臂液压缸两个液压端口的压强和流量

通过将压强和流量相乘来计算每个时刻的功率。需要对两个端口的能量数据求和，并且可以通过两个功率求和的符号来判断状态，计算结果如图 8-19 所示。可以看到，动臂在 2 ~ 4s 内变为逆向传输状态，这意味着液压缸正在从动臂下降中吸收能量。

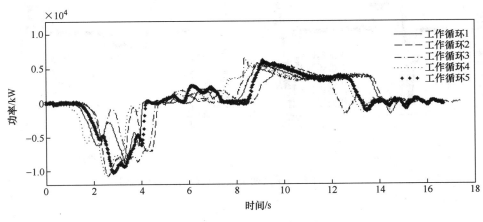

图 8-19　动臂液压缸的功率值

分别对正功率数据和负功率数据进行积分,用式(8-7) 计算正向传输的能量,并用式(8-9)计算逆向传输的能量,计算结果见表8-3。

表8-3　动臂液压缸的正向和逆向传输能量　　　　　　（单位：J）

循环编号	正向传输能量	逆向传输能量
工作循环1	24658	13001
工作循环2	18448	14180
工作循环3	22526	16786
工作循环4	23426	15174
工作循环5	22135	16693

斗杆液压缸的数据也可以用相同的方式处理。图 8-20 所示为斗杆液压缸两个液压端口的压强和流量,图 8-21 所示为斗杆液压缸的功率值,表 8-4 所列为斗杆液压缸的正向和逆向传输能量。

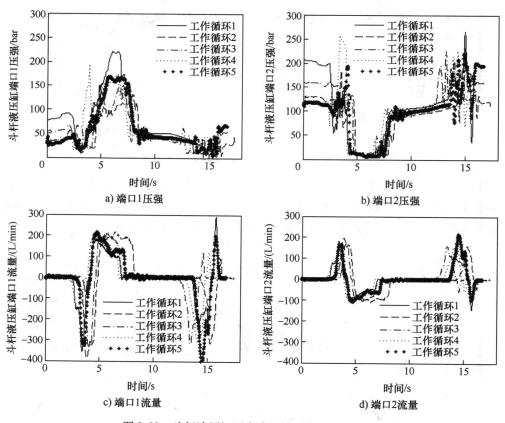

a) 端口1压强　　　　　　　　　　　b) 端口2压强

c) 端口1流量　　　　　　　　　　　d) 端口2流量

图 8-20　斗杆液压缸两个液压端口的压强和流量

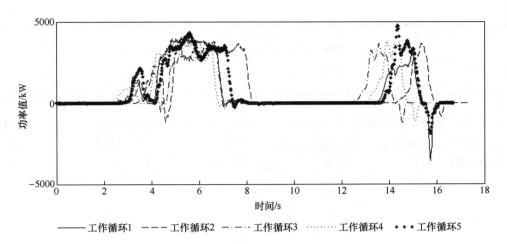

图 8-21　斗杆液压缸的功率值

表 8-4　斗杆液压缸的正向和逆向传输能量　　（单位：J）

循环编号	正向传输能量	逆向传输能量
工作循环 1	13453	589
工作循环 2	10570	293
工作循环 3	14616	364
工作循环 4	13036	235
工作循环 5	14752	484

这里不再叙述铲斗液压缸和回转马达的数据处理。表 8-5 所列为铲斗液压缸的正向和逆向传输能量，表 8-6 所列为回转马达的正向和逆向传输能量。

表 8-5　铲斗液压缸的正向和逆向传输能量　　（单位：J）

循环编号	正向传输能量	逆向传输能量
工作循环 1	14349	448
工作循环 2	10990	604
工作循环 3	11301	724
工作循环 4	12604	441
工作循环 5	12039	468

表 8-6　回转马达的正向和逆向传输能量　　（单位：J）

循环编号	正向传输能量	逆向传输能量
工作循环 1	14860	7101
工作循环 2	13287	6283
工作循环 3	17252	8177

（续）

循环编号	正向传输能量	逆向传输能量
工作循环 4	15515	7530
工作循环 5	17449	8598

  以上是对某种挖掘机的数据评价过程。不难看出，不同的设计参数、不同的工况可以得出不同的评价；不同的设计会带来成本和产品性能的变化。至此，就可提供一份科学、详尽、量化的研究报告给企业决策者，方可反映所提出改进方案的价值。

第 **9** 章

系统优化方法

9.1 优化方法的意义

如前所述，根据模型架构、参数组合、输入和载荷等条件，就可以得出产品的评价。若能灵活应用所述知识，就能较好地解决实际问题了。出于发展考虑，本章将论述"优化"，在此之前需要说明的是为什么要继续讨论优化。

1. 进一步的追求

产品的评价是否就是最终答案？通过动态仿真得到评价结果就可以了吗？并非如此。当评价能够量化之后，人们自然而然地会想到：最佳的设计是什么？既然有了最佳的评价标准，那么最好的产品设计是什么样的？

也就是说，本书前面章节的思路是由条件（模型和参数）求结果（评价），而现在的要求是由结果反求条件（最好的模型和参数）。

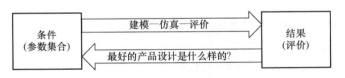

图 9-1　正向问题与反求问题

此类反向求解问题，在数学上称为反函数求解的思路。但是不难理解，对于复杂的工程问题，求出反函数几乎是不可能的任务。

遇到这种无法求反函数的问题，应采用什么方法解决？答案是试错，即不断更改某个参数，然后看效果。这很好理解，且当面对复杂黑箱问题时，这是最直接有效的方法。

试错法在一些学科领域被称作"What–if analysis"，可理解为：如果这样改会怎样？如果那样改会怎样？……

举例说明，通过实际产品或是仿真发现机器某个区域会发生振动。振动是系统无法趋向稳定收敛的表现。数学解法是通过分析列举传递函数，通过劳斯判据来寻找参数的正确设定方法。但这样分析需要较强的数学基础。许多工程师对于传递函数、阶数、劳斯判据没有深刻的理解，很难实现这一研究。因此通常可采用一个更简单试错的办法，也就是改一下某个参数，试试看，振动是否减弱？还是会加强？效果是否很明显？通过不断地改参数，不断地试，总是能找到一个能够消除这种振动的方法。

2. 试错法的关键问题

试错法的关键问题有两个：第一个是试错的材料成本，第二个是试错的时间成本。

在没有计算机技术的过去，工程问题要进行这种试错是很困难的，因为必须做新的样机来测试。为了节省经费，数学家发展出了许多数学理论解决这些难题，经典系统论的发展也是得益于此。

在计算机仿真技术出现后，试错的成本大幅降低，修改参数在仿真系统中十分容易实现，这也是仿真技术优势的最大体现。

时间成本是试错法的另一个关键。如果仿真运行一次时间太长，试错过程就会变得十分困难，工程师也容易失去试错的耐心，导致得到的结果不尽如人意。

3. 试错法的自动化

试错法既然如此好用，是否可以编制程序，让计算机不断地自动试错，并找到人们想要的结果呢？这个思路催生了一个新的概念，就是优化。

优化（optimization）就是试错法的自动化。本质上讲，优化就是一种"科学地试错"，其依赖于计算机的快速运算功能。优化出现后，人们可以依靠计算机去寻找最佳的解，即最优解。

4. 优化算法

既然是试错法的自动化，那么最关键的问题就是如何尽量少地试错，尽量准确地找到目标。

对于计算机来说，它并不知道下一次试错应该如何选择新的参数集合。那么就需要设计一种算法，可根据之前数次求解的结果，判断下一次应该选择哪个参数。

优化算法是通过过去的结果对更佳结果的变量进行调整的策略。优化算法的关键在于，如何通过尽可能少的试错次数得到尽可能好的结果。

目前已经有很多优化算法，它们各有优缺点。本章中仅介绍优化算法中的牛顿法和复合形法，更多的方法推荐参考优化设计相关教材。

9.2　优化问题的要素

学术界已经将优化问题发展成了一个独立的数学问题，以下将对优化问题涉及的关键要素和常见概念进行介绍。

1. 变量与设计空间

变量指的是优化算法在每次试错之后，允许其进行调整的函数参数。

目标函数指的是通过某个函数将变量参数计算出一个或多个目标值。在系统建模仿真问题中，目标函数就是通过仿真—数据处理—得出评价这一过程得出的结果，例如第8章提到的各类评价指标。

约束条件指的是对于变量的调整范围的控制。

不难理解，仅有一个变量的问题是最简单的一类优化问题，但实际问题中往往同时有多个变量可以进行调整。而变量的数量越多，问题也就越复杂。为了将优化问题转化为数学问题理解，可以认为每一个变量是可以在一个维度上进行调整的，而各个变量之间又是相互独立的。那么多个变量存在的数学空间，就会是一个有多个相互独立维度的空间。问题的多个变量，就会带来问题维度数量的增加。比如说，有两个变量，就是一个二维问题；有四个变量，就是四维问题。

由这些变量的维度组合成的空间，在优化问题中被称为设计空间。简单理解就是，有几个变量就是几维设计空间。数学上一般表达为

$$X = \begin{pmatrix} x_1 \\ x_2 \\ \vdots \\ x_n \end{pmatrix} \in R^n \tag{9-1}$$

也就是用向量形式的 X 代表变量。在本小节中均采用此表达形式。

2. 目标函数

将若干变量求解为评价值的过程可写为函数形式，即

$$y = f(X) = f(x_1, x_2, \cdots, x_n) \to \min \tag{9-2}$$

对于一些简单的问题，目标函数是可以写成显式方程的。但是在系统建模仿真中，目标函数不会是显式方程，而是要通过仿真得出数据表，再通过合理设计的评价数据处理一系列过程得到。

3. 目标函数的等值线图

为了形象表示目标函数的概念，可以绘制等值线图（contour），如图9-2所示。最常见的等值线图是地形图，它可以形象化表示在变量的可行域内的目标函数计算结果分布情况。对于两个变量（二维设计空间），可以将整个问题理解成地形图的等高线图，某个参数点 (x_1, x_2) 得出的目标函数值 $f(x_1, x_2)$ 越大，那么就相当于在图中的位置"越高"（最小化为越低）。

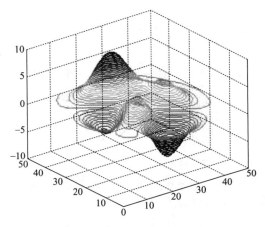

图9-2　等值线图

那么如果是希望目标函数值越大越好，比如说是整机工作循环的效率，那么就需要寻找那个最大的值 f_{max} 对应的 (x_1, x_2) 在什么位置，也就是要找到那个"山峰"。如果是希望目标函数值越小越好，则是要找到"山谷"。

4. 初值与可行域

优化开始时，一定要指定一个变量值组合。这个变量值组合称为初值（initial），也就是"攀山的起点"所在。

优化时还需要指定一个范围。变量的选择范围通常是有限的，比如优化设计一个工作臂的连接点位置，不可能允许它随意移动无限的范围。这个范围一般称为可行域，通常用 $g(X)$ 表示。

用登山做比喻，可行域相当于存在一个边界（bound）。因此，这种对于优化范围的限定条件有时被称作边界条件（boundary conditions）。

5. 步

每运行一次，可以找到一个结果值（评价）。优化算法根据过去的结果，选取新的变量值，再驱动新的运行。这每次运行即被称为一步（step）。

一般来说，好的优化算法的一大特征就是步数尽量少。试错时，时间成本是优化的关键问题之一。减少步数就可以节省很多时间。

6. 收敛

当优化算法引导程序"爬到了山顶"后，那么就应该让程序结束。结束的判断方法一般是通过收敛判断进行的。收敛判断的一般方法是对比这一步运行结果和之前一步（或者几步）运行结果的差值，当差值小于一定范围时，就可认为已经"收敛"了。

收敛判断与问题特征、优化算法、初值选取都有一定的关系。优化算法可能会引起无法收敛，程序会不停地运行。而有些问题甚至可能本身就无法收敛。

为了进一步说明优化问题的数学描述，可以通过下面的实例看到优化问题的要素。

7. 优化实例

设计变量 $X \in R^2$（两个变量，二维设计空间），
目标函数：

$$\min f(X) = x_1^2 + x_2^2 - 4x_1 - 4x_2 + 8 \tag{9-3}$$

可行域 D：

$$\begin{cases} g_1(X) = -x_1 \leq 0 \\ g_2(X) = -x_2 \leq 0 \\ g_3(X) = x_1^2 + x_2^2 - 4 \leq 0 \end{cases} \tag{9-4}$$

下面来分析一下这个优化问题。这是一个二维设计空间问题，因此可以用平面图形绘制目标函数。若将其目标函数的结果设为 C，则

$$\begin{cases} x_1^2 + x_2^2 - 4x_1 - 4x_2 + 8 = C_i \\ (x_1 - 2)^2 + (x_2 - 2)^2 = C_i \end{cases} \tag{9-5}$$

可以看到，如果在设计空间的平面上绘图，其为一个圆心为（2，2）的圆。因此，在设计空间平面上该目标函数的等值线图如图9-3所示。

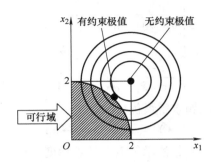

图9-3　优化问题实例的等值线图

可行域的三个函数，实际上形成了一个1/4圆的扇形区域。因此，有约束的极值应存在于图9-3所示位置。

本实例用于说明优化问题，这个问题是很容易得出等值线图的，其最优解的位置也就不难寻找。但实际问题的难点在于，一方面可能有更多的变量，另一方面目标函数往往十分复杂，导致其等值线图是无法直接得出的。如何寻找最优解的问题是通过优化算法解决的。

形象的比喻就是，登山者希望登到最高峰的位置，但是他没有地形图，也无法得知周围的情况，不知道应该向哪个方向行进。他只能通过一步一步地行走，观察自己是否在登高，来逐渐猜测应该的行进方向以及步长的大小。

这里只介绍两种优化算法：牛顿法和复合型法。介绍牛顿法是由于该方法是公认的能够以最少步数找到最优点的方法。介绍复合型法是由于该方法是适合于系统建模仿真评价结果进行优化的方法。

9.3　牛顿法

牛顿法的一般公式为

$$X^{k+1} = X^k - [\nabla^2 f(X^k)]^{-1} \nabla f(X^k) \tag{9-6}$$

牛顿法的数学推导过程这里不做介绍，有兴趣可参考优化设计相关教材，这里对其公式做一定的说明。

优化算法为单步迭代思路，根据前一步的取值 X^k，以及前一步计算出来的评价值 $f(X^k)$ 来确定下一步的变量取值 X^{k+1}。

牛顿法的公式难点在于，其中有几个数学运算符需要理解其含义。

第一个是 $\nabla f(X^k)$，这表示"梯度"。梯度的运算是在多维空间内该目标函数 $f(X^k)$ 分别对每个维度求偏导得出的值，为一个向量值。

第二个是 $[\nabla^2 f(X^k)]^{-1}$，这表示"逆矩阵"，其中的 $\nabla^2 f(X^k)$ 为矩阵形式，该矩阵名为黑塞（Hessian）矩阵，是函数 $f(X^k)$ 的二阶偏导矩阵。其一般形式如下：

$$H = \begin{pmatrix} \dfrac{\partial^2 f}{\partial x_1^2} & \dfrac{\partial^2 f}{\partial x_1 \partial x_2} & \cdots & \dfrac{\partial^2 f}{\partial x_1 \partial x_n} \\ \dfrac{\partial^2 f}{\partial x_2 \partial x_1} & \dfrac{\partial^2 f}{\partial x_2^2} & \cdots & \dfrac{\partial^2 f}{\partial x_2 \partial x_n} \\ \vdots & \vdots & \ddots & \vdots \\ \dfrac{\partial^2 f}{\partial x_n \partial x_1} & \dfrac{\partial^2 f}{\partial x_n \partial x_2} & \cdots & \dfrac{\partial^2 f}{\partial x_n^2} \end{pmatrix} \tag{9-7}$$

例 9-1 用牛顿法对以下问题求解最优：

$$f(X) = x_1^2 + 25x_2^2 \rightarrow \min \tag{9-8}$$

初值 $X^{(0)}$ 取为（2，2）。用牛顿法求解需要计算梯度（向量）和黑塞矩阵。

首先是计算梯度：

$$\nabla f(X^0) = \begin{pmatrix} 2x_1 \\ 50x_2 \end{pmatrix} = \begin{pmatrix} 4 \\ 100 \end{pmatrix} \tag{9-9}$$

然后是计算黑塞矩阵，对于二维设计空间，黑塞矩阵的求解思路为：

$$\nabla^2 f(X^k) = \begin{pmatrix} \dfrac{\partial^2 f}{\partial x_1^2} & \dfrac{\partial^2 f}{\partial x_1 \partial x_2} \\ \dfrac{\partial^2 f}{\partial x_2 x_1} & \dfrac{\partial^2 f}{\partial x_2^2} \end{pmatrix} \tag{9-10}$$

所以

$$\nabla^2 f(X^0) = \begin{pmatrix} 2 & 0 \\ 0 & 50 \end{pmatrix} \tag{9-11}$$

最后求逆矩阵，

$$\left[\nabla^2 f(X^k) \right]^{-1} = \begin{pmatrix} \dfrac{1}{2} & 0 \\ 0 & \dfrac{1}{50} \end{pmatrix}$$

$$X^1 = X^0 - \left[\nabla^2 f(X^0) \right]^{-1} \nabla f(X^0) \tag{9-12}$$

$$= \begin{pmatrix} 2 \\ 2 \end{pmatrix} - \begin{pmatrix} \dfrac{1}{2} & 0 \\ 0 & \dfrac{1}{50} \end{pmatrix} \begin{pmatrix} 4 \\ 100 \end{pmatrix} = \begin{pmatrix} 0 \\ 0 \end{pmatrix}$$

不难看到，本例的极值确实为零点（0，0）。也就是说牛顿法解决此问题可以一步就到达极值。

牛顿法是公认的能够以最少步数找到最优点的方法，牛顿法通过对目标函数梯度求解，能够找到最快速度到达"山顶"的方向。在牛顿法的求解过程中，需要计算两个矩阵和一个向量：黑塞矩阵、求逆矩阵、梯度向量。牛顿法的最大问题也在此，如果没有办法对目标函数求导，就没有办法使用这个方法。而由于整机系统模型仿真，加上通道运算，这种复杂的目标函数根本不可能做"求导"，因此牛顿法就很难使用了。

9.4　复合形法

复合形法是一种比较适合系统建模仿真优化问题的方法。复合形法的最大优点是不用对目标函数进行求导处理。

复合形法的一般步骤如下：

1）在可行域范围内取 k 个点，其中 $n+1 \leqslant k \leqslant 2n$，$n$ 是设计变量的个数。

2）对每个点计算其评价值 $f(X)$。

3）在所有点中选出评价最低的点，称之为"最坏点"，记为 X_B。其他所有点取几何中心点，记为 X_C。

4）连接最坏点 X_B 和中心点 X_C 并延长，寻找"映射"对面的点，设为 X_R，X_R 到 X_C 的距离为 X_B 到 X_C 距离的 1.3 倍，如图 9-4 所示，计算其评价值 $f(X)$。

5）如果 X_R 比 X_B 要更好，则舍去 X_B。用新的 X_R 代替 X_B，这样依然是有 k 个点。

6）循环第 3 步，不断重复此过程直到收敛。

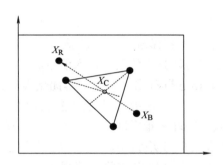

图 9-4　复合形法的选点

注意，其中的第五步，可能会遇到 X_R 不如 X_B 的情况，这时有许多方法寻找其他的点重新尝试。这包括：

1）不断缩小映射倍率。

2）由延长方向（由 X_B 到 X_C 的延长线上选点）改为收缩方向（也就是从 X_B 和 X_C 中间选点）。

3）替换 X_B 为第二坏的点。

4）变化图形的形状，旋转、缩小等。

综合来说复合形法的算法思路清晰，容易掌握；不需要求导数，不需做一维搜索，对函数形态没有特殊要求；程序结构简单，计算量不大；对初始点要求低，能较快地找到最优解，算法较为可靠，是推荐用于本书中的系统优化问题解决的方法。

9.5　系统的参数优化方法

至此可以设计并进行优化问题的求解。这其中，面向实际工程需求比较常见的为：

1）对系统中难以确定的关键参数进行参数识别。

2）针对某项评价指标的参数优化。

由于参数优化还涉及许多具体问题，本节仅对思路进行介绍，并对其中的要点进行说明。

1. 系统参数识别

系统建模可以对各类惯性、容性、阻性进行表示，这样就可以体现出系统的动态特征，例如振动、冲击等。但是在实际应用当中，许多元件的参数是很难直接得出的。例如，对一个机械臂进行弹性建模，但是该机械臂的刚度系数很难在设计时得出。在回转类机械元件（如变速箱等）中，转动轮轴的转动惯量较难得到，在回转中的动静摩擦系数也较难得到。类似的还包括液压系统中管路的各类阻尼损失，管路和液压油一起形成的弹性刚度等。虽然通过理论计算可以一定程度上得出这些参数值，但往往与实际具有一定的差异。

因此，若要对一个系统进行动态分析，就必须要对其动态参数进行确认。通过试验测定是一种较好的方法。而工程中往往由于条件所限，有许多参数的测定很难在试验台上进行。是否可以通过整机测试试验对参数进行确认呢？

整机系统的建模与仿真使得这一设想可以实现。这个思路被称为系统参数识别。其基本思路为：

1）对于整机系统进行建模。

2）设计一系列试验。用真实整机做现场测试试验，再用计算机仿真做模拟试验。可将现场测试试验的各类信号直接作为计算机仿真的输入信号。

3）仿真数据与试验结果数据进行对比。设计整套优化程序，将无法确定的系统参数作为变量，将仿真与试验的误差作为评价函数，对变量进行优化。

这一思路的执行可以有效识别许多难以确定的参数。这一思路的关键有以下几个方面：

1）试验的设计。系统仿真试验与实际测试试验，应采用完全相同的工况设计。当需要识别的参数较多时，应设计多次相对独立试验，使得多个未知参数之间尽量减少相互的影响。

2）试验中，不仅需要测试压力、流量之类物理量的动态值，同时还需要测定输入信号和负载信号，以保证系统仿真中给定的输入与试验条件相同。

2. 按评价指标的参数优化

按评价指标的参数优化是一项最终目标，系统建模仿真的一个关键目的就是让产品性能更好。例如，为了提高挖掘机的单位时间能量输出，应如何改进多路阀中各个阀口的全开压力损失？

要解决此类问题，可以按如下思路进行：

1）建立挖掘机整机系统模型，并对其多路阀进行精细建模（参考第5章内容）。

2）设计负载模型和自动驾驶控制模型，实现整机仿真运行，建立评价模型（参考第8章内容）。

3）仿真评价结果作为目标函数，选择适当的多路阀压力损失参数作为变量，选择优化算法（建议选用复合形法）对变量进行优化求解。

这一思路的关键包括以下方面：

1）工况的选择。工况指的是负载模型和自动驾驶控制模型。操作员的习惯以及工作对象都会极大影响设备的工作效率，仿真中也是如此。选择不同的工况，必然会得到不同的评价结果，从而影响优化设计的目标走向。实际工程中应当根据具体问题合理地设计工况。

2）系统模型的复杂程度。本书中对于系统建模的许多方面进行了详细介绍，即便如此，实际问题千变万化，不可能面面俱到。同时需要注意，系统模型并不是越详细越好，应根据具体问题有针对性地细化建模，相对的，不重要的部分应当进行简化。因为仿真本身已需要耗费许多算力和时间，再外套优化算法，会使得问题变得无法解决。因此，能简化的地方应尽量简化。

3）变量范围的选择。优化时应根据具体问题对变量的可行域进行限制，这是因为系统建模一定具备适用范围。变量过大范围的调整极有可能引起系统模型出现仿真结果发散，甚至无法运行等情况。

参考文献

［1］卡罗普，马戈利斯，罗森伯格．系统动力学：机电系统的建模与仿真［M］．刘玉庆，等译．北京：国防工业出版社，2011.

［2］郑大钟．线性系统理论［M］．2 版．北京：清华大学出版社，2002.

［3］张也影．流体力学［M］．2 版．北京：高等教育出版社，1999.

［4］李发海，王岩．电机与拖动基础［M］．4 版．北京：清华大学出版社，2012.

［5］李有义．液力传动［M］．2 版．哈尔滨：哈尔滨工业大学出版社，2004.

［6］李红．数值分析［M］．2 版．武汉：华中科技大学出版社，2010.

［7］陈立周，俞必强．机械优化设计方法［M］．4 版．北京：冶金工业出版社，2014.